云计算与大数据专业群人才培养系列教材

Docker容器项目实战

龚　斌　程庆华　李　颖◎主　编
詹柱美　周　游　万　欢◎副主编

電子工業出版社
Publishing House of Electronics Industry
北京•BEIJING

内 容 简 介

本书从 Docker 的基本使用入手，深入浅出地讲解了 Docker 的构建、操作、技术原理与实际使用过程中的典型项目和案例，内容较全面。其中，项目 1 介绍了 PaaS 云平台基本管理；项目 2 介绍了 Docker 基本管理；项目 3 介绍了 Docker 镜像管理；项目 4 介绍了 Docker 容器管理；项目 5 介绍了 Docker 仓库管理；项目 6 介绍了 Docker 存储管理；项目 7 介绍了 Docker 网络管理；项目 8 介绍了容器编排。

通过对本书的学习，读者可以在生产环境中部署并应用容器，具备管理、维护、扩展容器服务的能力，提升在企业真实环境中不同情况下操作容器的水平。

本书适合作为高职高专院校和应用型本科院校计算机网络技术、云计算技术与应用等相关专业的学生学习 Docker 技术的教材，也可以作为云计算容器技术的培训教材，适合项目经理、运维工程师和广大云计算技术爱好者自学使用。

图书在版编目（CIP）数据

Docker 容器项目实战 / 龚斌，程庆华，李颖主编. —北京：电子工业出版社，2023.6

ISBN 978-7-121-45246-8

Ⅰ. ①D… Ⅱ. ①龚… ②程… ③李… Ⅲ. ①Linux 操作系统－程序设计 Ⅳ. ①TP316.85

中国国家版本馆 CIP 数据核字（2023）第 046292 号

责任编辑：李　静　　　特约编辑：田学清
印　　刷：涿州市京南印刷厂
装　　订：涿州市京南印刷厂
出版发行：电子工业出版社
　　　　　北京市海淀区万寿路 173 信箱　　　邮编：100036
开　　本：787×1092　1/16　印张：13.25　字数：318 千字
版　　次：2023 年 6 月第 1 版
印　　次：2023 年 6 月第 1 次印刷
定　　价：42.80 元

凡所购买电子工业出版社图书有缺损问题，请向购买书店调换。若书店售缺，请与本社发行部联系，联系及邮购电话：（010）88254888，88258888。

质量投诉请发邮件至 zlts@phei.com.cn，盗版侵权举报请发邮件至 dbqq@phei.com.cn。

本书咨询联系方式：（010）88254604，lijing@phei.com.cn。

前　言

随着信息技术的发展，云计算已经进入大众视野。企业可以使用云计算进行资源整合并降低生产成本。云计算凭借极具扩展性的设计及灵活的部署方式，已经成为众多企业关注并实施的技术。在众多与云计算相关的技术中，Docker 容器技术得到越来越多企业的认可，经过多个版本的更新，其功能越来越完善，已经成为实施云计算的主流技术之一。

Docker 使用谷歌公司推出的 Go 语言进行开发实现，基于 Linux 内核的 Cgroups、NameSpace 及 AUFS 类的 Union FS 等技术对进程进行封装，属于操作系统层面的虚拟化技术。Docker 是开源的应用容器引擎，采用 C/S 架构，客户端和服务端既可以在一个机器上运行，也可以通过 Socket 或 RESTful API 进行通信。Docker 的后端是一个松耦合的架构，模块各司其职并有机组合，支撑 Docker 的运行。Docker 的框架包括 Docker Daemon、存储数据卷、网络、镜像仓库、镜像、容器实例和控制台等。尚未完全了解 Docker 容器的读者经常会把虚拟机和容器混为一谈。在学习本书之后，读者会对 Docker 技术有全新的理解。

本书采用模块化的编写思路，分为 PaaS 云平台基本管理、Docker 基本管理、Docker 镜像管理、Docker 容器管理、Docker 仓库管理、Docker 存储管理、Docker 网络管理、容器编排 8 个项目，通过项目导入引出教学理论的核心内容，并且每个项目都引入一个综合实战，以提高大家的实践能力，明确职业能力目标和要求。

本书具有以下特点：

1．针对性强，在内容选取上，以企业的需求为主；

2．每个项目的案例都选自企业真实的项目；

3．理论与实践紧密结合。

本书配有立体化教学资源，包括电子课件、电子教案、课后习题答案、源代码、微课等，请有需要的读者登录华信教育资源网进行下载。

本书由广东科学技术职业学院计算机工程技术学院云计算教研团队组织编写，由龚斌、程庆华、李颖担任主编，詹柱美、周游、万欢担任副主编。尽管编者在写作过程中力求准确、完善，但书中不妥之处在所难免，殷切希望广大读者批评指正。

感谢您阅读本书，希望本书能成为您学习云计算相关技术的好伙伴！

编　者

2023 年 5 月

目　　录

项目 1

PaaS 云平台基本管理

项目导入

K11 公司已经实现了研发和服务运维的整合，但是，近几年公司业务快速发展壮大，不断增加的云端应用需求增加了硬件资源的消耗，因为公司已经在云平台上部署了多台主机，消耗了大量的硬件资源，给公司日常运维和业务继续扩大带来了难题。公司通过外派工程师小刘了解到，Docker 容器技术可以提高硬件资源的利用率并有效实现云服务，引入 PaaS 云平台将改变公司现有的开发和部署模式。于是，公司决定采用 Docker 技术构建容器服务和研发运维持续集成环境，并安排小刘在公司进行 Docker 技术平台的安装测试。

职业能力目标和要求

- 熟悉云计算服务体系 3 种类型的定义、特点和应用场景。
- 熟悉 PaaS 的基本实现方法。
- 熟悉容器云的基本情况。
- 熟悉云原生开发的基本概念。
- 熟悉微服务的技术要点。
- 熟悉容器化的技术要点。
- 熟悉 DevOps 的技术要点。

- 熟悉持续交付的技术要点。
- 了解云原生开发的 12 要素。
- 熟悉微服务架构的基本原理。

1.1 PaaS 云平台原理

1.1.1 云计算服务体系

云计算是分布式计算、互联网技术、大规模资源管理等技术的融合与发展，其研究和应用是一个系统工程，涵盖了数据中心管理、资源虚拟化、海量数据处理、计算机安全等重要问题。云计算可以按需弹性地提供资源，它的表现形式是一系列服务的集合。结合当前云计算的应用与研究，其体系架构可以分为核心服务层、服务管理层、用户访问接口层3 层。核心服务层将硬件基础设施、软件运行环境、应用程序抽象成服务，这些服务具有可靠性强、可用性高、规模可伸缩等特点，满足多样化的应用需求。服务管理层为核心服务层提供支持，进一步确保核心服务层的可靠性、可用性与安全性。用户访问接口层用于实现端到云的访问。

计算机网络中的 TCP/IP 协议让标准能够统一，使开发者、使用者、网络设备厂商都能按照公认的协议进行学习和生产。云计算服务体系也采用分层定义的标准，分为基础设施层、平台软件层、应用层 3 个层次，每个层次之上都可以构建相应的 IT 系统，提供特定的服务，而传统的 IT 系统需要提供所有层次的服务。云计算分层定义如图 1.1 所示。

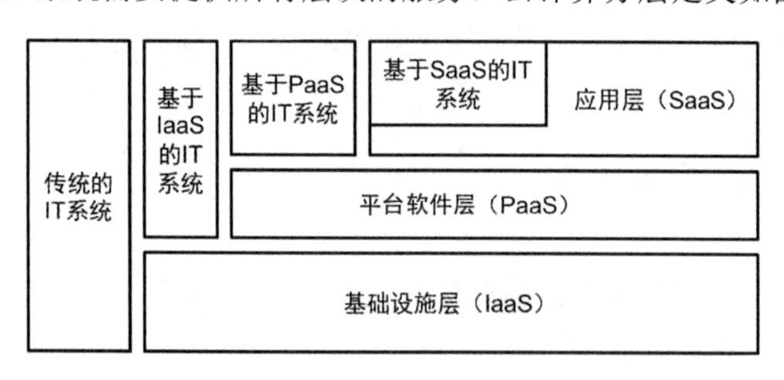

图 1.1　云计算分层定义

1. IaaS

IaaS（Infrastructure as a Service，基础设施即服务）把传统的计算、网络、存储资源全部虚拟化，将 IT 系统的基础设施层作为服务出租，如图 1.2 所示。云服务提供商先把 IT 系统的基础设施建设好，并对计算设备进行池化，然后直接对外出租硬件服务器、虚拟主机、存储或网络设施（负载均衡器、防火墙、公网 IP 地址及 DNS 等基础服务）等。云服务提供商负责管理机房基础设施、计算机网络、磁盘柜、服务器和虚拟机，用户自己安装和管理操作系统、数据库、中间件、应用软件和数据信息，所以 IaaS 云服务的消费者一般是掌握一定技术的系统管理员。

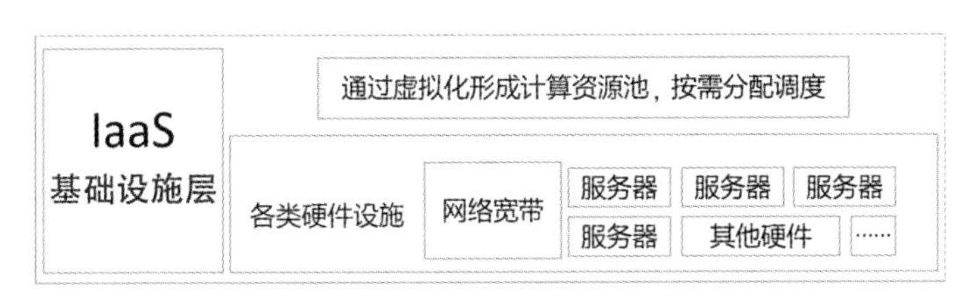

图 1.2　IaaS

出租的物理服务器和虚拟机统称为主机。云服务提供商如何对外出租主机，用户如何使用这些租来的主机呢？对用户来说，这些主机不在现场而在“远方”，用户租赁之后并不会把这些主机从云端搬到办公室来使用，出租前后主机的物理位置并没有改变，用户仍然通过网络使用这些云端主机。用户首先登录云服务提供商的网站，填写并提交主机配置表（如需要多少个 CPU、多少内存、多少网络带宽等）后付款，然后云服务提供商向用户发放账号和密码，最后用户以此账号和密码登录云端的自助网站。在这里，用户可以管理自己的主机：启动和关闭机器、安装操作系统、安装和配置数据库、安装应用软件等。其实只有启动机器和安装操作系统必须在自助网站上完成，其他操作可以直接登录已经安装了操作系统并配置好网卡的主机，在主机中完成。

对于租来的主机，用户只关心计算资源（CPU、内存、硬盘）的容量是否与租赁合同上标注的一致，就像租赁同一层楼上的一间房间一样，用户只关心面积是否足够，而不关心房间的墙壁是钢筋水泥结构还是砖块石灰结构。但是对云服务提供商来说，出租硬件服务器和虚拟机，内部的处理技术是不一样的，其中，硬件服务器必须集成远程管理卡并池化到资源池中。

IaaS 的主要功能有以下几种。

（1）资源抽象：使用资源抽象的方法（如资源池）能更好地调度和管理物理资源。

（2）资源监控：通过对资源的监控，能够保证基础设施高效率地运行。

（3）负载管理：通过负载管理，不仅能使部署在基础设施上的应用更好地应对突发情况，还能更好地利用系统资源。

（4）数据管理：对云计算而言，数据的完整性、可靠性和可管理性是对 IaaS 的基本要求。

（5）资源部署：将整个资源从创建到使用的流程自动化。

（6）安全管理：IaaS 安全管理的主要目标是保证基础设施和其提供的资源能被合法地访问和使用。

（7）计费管理：通过细致的计费管理，用户可以更灵活地使用资源。

2. PaaS

PaaS（Platform as a Service，平台即服务），如图 1.3 所示。PaaS 基于互联网提供对应用完整生命周期（包括设计、开发、测试和部署等阶段）的支持，减少了用户在购置和管理应用生命周期内必需的软硬件及部署应用和 IT 基础设施的成本，同时降低了以上工作的复杂度。为了确保高效地交付具备较强灵活性的平台服务，在 PaaS 模式中，平台服务通常基于自动化技术以虚拟化的形式交付。在运行时，自动化、自优化等技术也被广泛应用，以确保实时、动态地满足应用生命周期内的各种功能和非功能需求。

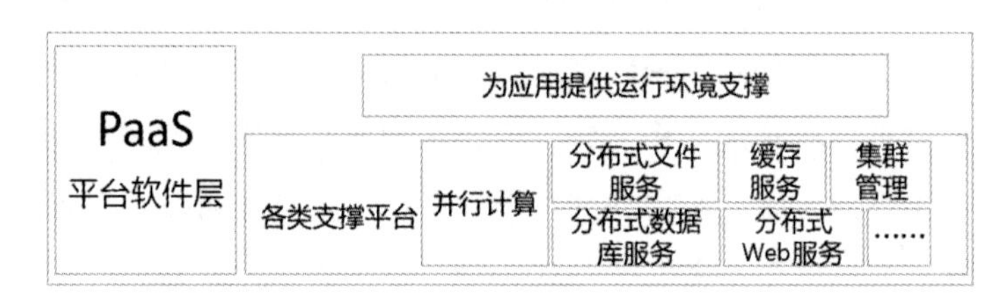

图 1.3　PaaS

PaaS 可以细分为 APaaS（Application Platform as a Service，应用程序平台即服务）和 IPaaS（Integration Platform as a Service，集成平台即服务）两大类。PaaS 是建立在完善的 IaaS 之上的，用户在使用 PaaS 平台时，只需要关心如何使用 PaaS 平台的资源，而完全不需要关心这些资源的创建、维护工作。PaaS 层作为三层核心服务的中间层，既为上层应用提供简单、可靠的分布式编程框架，又基于底层的资源信息调度作业、管理数据，屏蔽底层系统的复杂性。随着数据密集型应用的普及和数据规模的日益庞大，PaaS 层需要具备存储与处理海量数据的能力。

与 IaaS 云服务提供商相比，PaaS 云服务提供商要做的事情增多了，他们需要准备机房、布置网络、购买设备，以及安装操作系统、数据库和中间件，即把基础设施层和平台软件层搭建好，然后在平台软件层上划分“小块”（习惯称为容器）并对外出租。PaaS 云服务提供商也可以从其他 IaaS 云服务提供商那里租赁计算资源，然后自己部署平台软件层。

另外，为了让用户能够直接在云端开发调试程序，PaaS 云服务提供商还需要安装各种开发调试工具。相反，与 IaaS 相比，用户要做的事情要少很多，用户只需要开发和调试软件或安装、配置和使用应用软件即可。PaaS 云服务的费用一般根据用户数量、用户类型（如开发员、最终用户等）、资源消耗量及租期等因素计算。

PaaS 的主要功能有以下几种。

（1）友好的开发环境：提供 SDK 和 IDE 等工具，让用户能在本地方便地进行应用的开发和测试。

（2）丰富的服务：PaaS 平台会以 API 的形式将各种各样的服务提供给上层的应用。

（3）自动的资源调度：也就是可伸缩性，不仅可以优化系统资源，还可以自动调整资源来帮助运行在 PaaS 平台上的应用以更好地应对突发流量。

（4）精细的管理和监控：PaaS 能够提供应用层的管理和监控，例如，能够观察应用运行的情况和具体数值（如吞吐量和反映时间），从而更好地衡量应用的运行状态，还可以通过精确计量应用运行所消耗的资源来更好地计费。

3．SaaS

SaaS（Software as a Service，软件即服务）是一种软件交付模式，如图 1.4 所示。在这种交付模式中，云端集中式托管软件及其相关的数据，软件仅通过互联网，而不用安装即可使用。用户通常使用精简客户端，通过一个网页浏览器来访问软件。SaaS 云服务提供商可通过网页控制台提供 CRM、ERP、OA 等软件系统。传统的软件，无论是 B/S 架构还是 C/S 架构，SaaS 云服务提供商都能够提供（或额外提供）。用户只需要关心使用 SaaS 提供的软件应用，数据存储、软件维护、安全等都交给云服务提供商处理和负责。

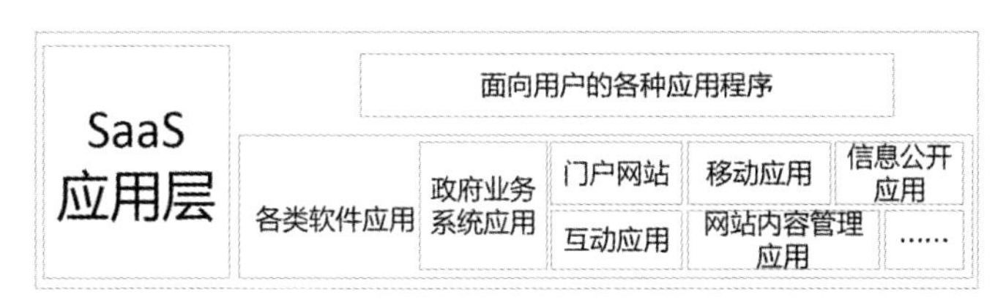

图 1.4　SaaS

SaaS 的主要功能有以下几种。

（1）随时随地访问：在任何时候或者任何地点，只要接上网络，用户就能访问这个 SaaS 服务。

（2）支持公开协议：通过支持公开协议，如 HTML4/5，方便用户使用。

（3）安全保障：SaaS 云服务提供商需要提供一定的安全机制，不仅要保障存储在云端的用户数据的安全性，还要在客户端实施一定的安全机制（如 HTTPS），来保护用户。

（4）多住户（Multi-Tenant）机制：通过多住户机制，不仅可以更经济地支撑庞大的用户规模，还可以提供一定的可定制性以满足用户的特殊需求。

在使用 IaaS 云服务时，网络、服务器、存储硬件的安装和管理均由云服务提供商提供。云服务提供商根据用户配置要求提供各种虚拟机。用户只需在虚拟机中安装和维护操作系统、中间件、应用运行环境，以及部署应用软件、维护应用数据。

在使用 PaaS 云服务时，云服务提供商不仅负责网络、服务器、存储硬件的安装和管理，还负责虚拟机中操作系统、中间件、应用运行环境的安装和维护，云服务提供商向用户提供应用软件开发部署的全套软硬件环境。用户只需在此环境中开发与部署应用软件、维护应用数据。

在使用 SaaS 云服务时，云服务提供商负责传统应用构建的所有内容。用户只需要根据自身需求订购应用服务。

云计算服务体系如图 1.5 所示。

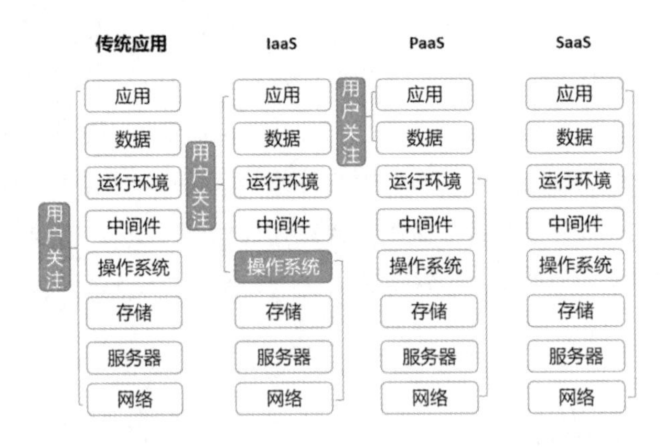

图 1.5　云计算服务体系

1.1.2　安全与隐私保护

虽然 QoS 保证机制可以提高云计算的可靠性和可用性，但是目前实现高安全性的云计算环境仍面临诸多挑战。一方面，云平台上的应用程序（或服务）和底层硬件环境之间是松耦合的，没有固定不变的安全边界，这大大增加了数据安全与隐私保护的难度。另一方面，云计算环境中的数据量十分巨大（通常是 TB 级甚至 PB 级的），传统安全机制在可扩展性及性能方面难以满足需求。随着云计算安全问题的日益突出，近年来，研究者针对云计算的模型和应用，讨论了云计算的安全隐患，研究了云计算环境下的数据安全与隐私保护技术。本节结合云计算核心服务的层次模型，介绍云计算环境下数据安全与隐私保护技术的研究现状。

1. IaaS 层的安全

虚拟化是云计算 IaaS 层普遍采用的技术，该技术不仅可以实现资源可定制，还可以有效隔离用户的资源。

根据公有云或私有云实现 IaaS 层的不同，安全问题也有所不同。对私有云而言，企业可以完全控制方案。而对公有云而言，企业可以控制创建的虚拟机和运行在虚拟机上的服务，但是并不控制底层的计算、网络和存储基础架构。不管是哪种情形，都需要考虑以下安全问题：

（1）对数据泄露的防护和数据使用的监视；

（2）认证和授权；

（3）事件响应和取证功能（端到端的日志和报告）；

（4）基础架构的强化；

（5）端到端的加密。

Santhanam 等人讨论了分布式环境下基于虚拟化技术实现的沙盒模型，以隔离用户执行环境。然而虚拟化平台并不是完美的，仍然存在安全漏洞。基于在 Amazon EC2 上的实验，Ristenpart 等人发现 Xen 虚拟化平台存在被旁路攻击的危险。他们在云计算中心放置了若干台虚拟机，当检测到有一台虚拟机和目标虚拟机放置在同一台主机上时，就可以通过操纵自己放置的虚拟机对目标虚拟机进行旁路攻击，得到目标虚拟机的更多信息。为了避免基于 Cache 缓存的旁路攻击，Raj 等人提出了 Cache 层次敏感的内核分配方法和基于页染色的 Cache 划分两种资源管理方法，以实现性能与安全隔离。

2. PaaS 层的安全

PaaS 层海量数据的存储和处理需要防止隐私泄露。Roy 等人提出了一种基于 MapReduce 平台的隐私保护系统 Airavat，集成强访问控制和区分隐私，为处理关键数据提供安全和隐私保护。在加密数据的文本搜索方面，传统的方法需要对关键词进行完全匹配，但是云计算环境中的数据量十分巨大，在用户频繁访问的情况下，精确匹配返回的结果会非常少，使系统的可用性大幅度降低。Li 等人提出了基于模糊关键词的搜索方法，在精确匹配失败后，对与关键词语义近似的关键词集进行匹配，达到在隐私保护的前提下为用户检索更多匹配文件的效果。

3. SaaS 层的安全

SaaS 层提供了基于互联网的应用程序服务，并保存敏感数据（如企业商业信息）。因为云服务器由许多用户共享，并且云服务器和用户不在同一个信任域里，所以需要对敏感数据建立访问控制机制。由于传统的加密控制方式需要很大的计算开销，而且密钥发布和细粒度的访问控制都不适合大规模的数据管理，Yu 等人讨论了基于文件属性的访问控制策略，在不泄露数据内容的前提下将与访问控制相关的复杂计算工作交给不可信的云服务器完成，从而达到访问控制的目的。

从以上研究可以看出，云计算面临的核心安全问题是用户不再对数据和环境拥有完全的控制权。为了解决该问题，云计算的部署模式被分为公有云、私有云和混合云。公有云是以按需付费的方式向公众提供的云计算服务，如 Amazon EC2、Salesforce CRM 等。虽然公有云提供了便利的服务方式，但是用户数据保存在云服务提供商那里，存在用户隐私泄露、数据安全得不到保证等问题。私有云是一个企业或组织内部构建的云计算系统。部署私有云需要企业新建私有的数据中心或改造原有的数据中心。由于云服务提供商和用户属于同一个信任域，所以数据可以得到保护。受数据中心规模的限制，私有云与公有云相比，服务弹性较差。混合云结合了公有云和私有云的特点，将用户的关键数据存放在私有云，以保护数据隐私。当私有云工作负载过重时，用户可以临时购买公有云资源，以保证服务质量。部署混合云需要公有云和私有云具有统一的接口标准，以保证服务无缝迁移。

此外，工业界对云计算的安全问题非常重视，并为云计算服务和平台开发了若干安全机制。其中，Sun 公司发布的开源的云计算安全工具，可以为 Amazon EC2 提供安全保护。微软公司发布的基于云计算平台 Azure 的安全方案，可以解决虚拟化及底层硬件环境中的安全性问题。另外，Yahoo!为 Hadoop 集成了 Kerberos 验证，Kerberos 验证有助于数据隔离，使对敏感数据的访问和操作更加安全。

1.1.3 PaaS 的发展历程

2007 年，Salesforce 最早发布 Force.com，支持第三方客户在 Salesforce.com 上开发和部署定制软件，使用元数据驱动的方式来开发和管理应用。2008 年，Google 发布 GAE

（Google App Engine），争夺独立开发者和创业公司的市场。GAE 使用容器来部署应用，提供简化的用户体验。2011 年，AWS 发布其官方 PaaS 平台 Beanstalk，基于虚拟机完成应用的自动部署和运维，以及自动弹性伸缩的功能。区别于之前基于 Linux 容器技术的 PaaS，2013 年，PaaS 提供商 dotCloud 发布于一个开源的基于 LXC 的高级容器引擎 Docker，利用 AUFS 技术第一次将容器实例镜像化，实现突破性的创新。CF 最初由 VMware 开发，于 2014 年转入 Pivotal，它是开源和免费的，支持多种编程语言和开发框架，以及多种服务类型。Kubernetes 来源于 Google 内部的 Borg 系统，2015 年迭代到 v1.0 版本并被正式对外公布，是一个全新的基于容器技术的分布式架构解决方案。

1.1.4　PaaS 的基本实现方法

PaaS 的实现分为两种：以虚拟机为基础或以容器为基础。前者的代表是 AWS（AWS 看到了 PaaS 平台的潜力，于 2011 年发布其官方 PaaS 平台 Elastic Beanstalk），后者的代表则是 GAE、Cloud Foundry 和 Heroku。

1．基于虚拟机的 PaaS

以 Elastic Beanstalk 为例，基于虚拟机的 PaaS 如图 1.6 所示。

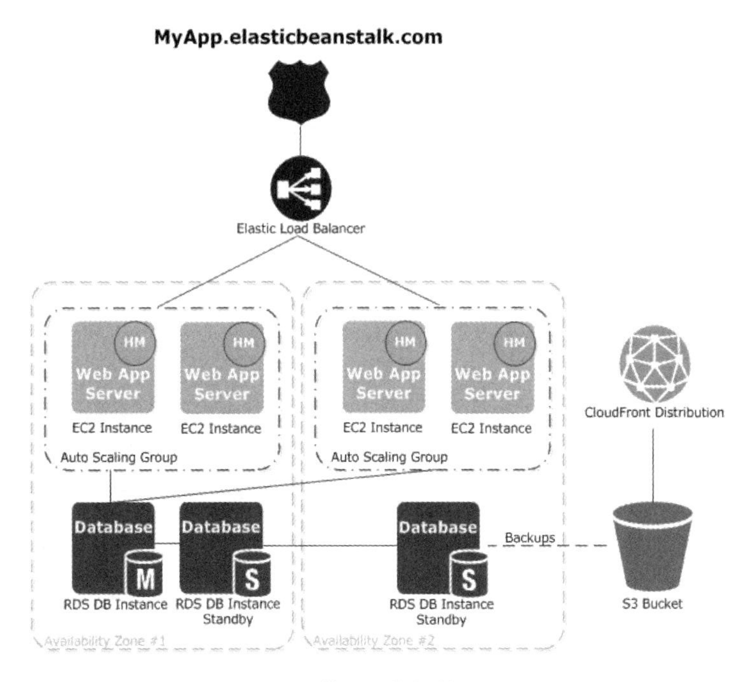

图 1.6　基于虚拟机的 PaaS

（来源：阿里云开发者社区）

负载均衡层（Elastic Load Balancer）：该层需要将用户的请求映射到对应的服务器实例中。当应用实例扩容时，该层会动态地将调整的服务器实例注册到对应的域名上，以完成分流。

Web 服务器层（Web App Server）：目前，Elastic Beanstalk 支持 Java、Python、PHP 等多种编程语言，为编程人员提供多样性的选择。

在服务后端，Elastic Beanstalk 依托于 AWS 本身的服务生态系统为应用提供服务，如 RDS、S3、DynamoDB 等。

2．基于容器的 PaaS

以 Cloud Foundry 为例，Cloud Foundry 的架构如图 1.7 所示，Cloud Foundry 的核心组件主要有 Router、Cloud Controller、Service、Health Manager 和 DEA，以及模块之间使用的 NATS 消息通信机制。这些模块之间使用 NATS 或 HTTP 等其他的消息机制进行通信。

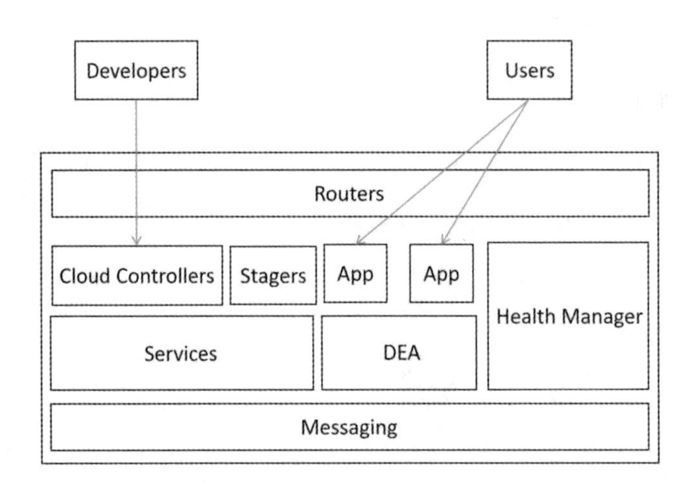

图 1.7　Cloud Foundry 的架构

Cloud Foundry 是一个工业级的开源 PaaS，可以被部署为一个云，并对外提供多语言、多框架、应用运行环境及服务。Cloud Foundry 的相关组件包括软件路由和软负载均衡、认证和授权、应用生命周期管理、应用存储和运行，以及服务、消息、日志和监控数据。Cloud Foundry 让开发人员专注于编写应用程序，而无须为中间件和基础设施分心。在使用自助式高生产力的框架和应用服务的同时，开发人员可以快速在自己的环境中开发和测试下一代应用，并部署到云上而无须做任何更改。

Router：该模块基于 Nginx（一个高性能的 HTTP 和反向代理 Web 服务器），在 Nginx 技术的基础上提供动态注册的功能。在部署时，使用 Router 集群同时部署海量应用实例。Cloud Foundry 的应用容器基于 Warden 技术，Warden 技术又基于 LXC 技术（Linux 容器项目），但是使用 C 语言和 Ruby 语言做了一层简单的封装。

Cloud Controller：该组件是 Cloud Foundry 的管理模块，与 VMC 和 STS 交互的服务器端收到 VMC 或 STS 的 JSON 格式的协议后，写入 Cloud Controller Database，并发送消息到各个模块来控制管理整个云。该组件公开了与 CLI 工具 VMC 通信的主要 REST 接口，以及用于 Eclipse 的 STS 插件，并且提供开放的 RESTful 接口，可用于第三方应用的开发和集成，企业在使用 Cloud Foundry 部署私有云时，还可以通过这些接口来自动化控制管理整个云环境。

Service：该组件是一个独立的、插件式的模块，便于第三方把自己的服务整合成 Cloud Foundry 服务。在 Cloud Foundry 中已经包含了服务的框架及核心类库，如 MongoDB、MySQL、PostgreSQL、RabbitMQ、Redis 等，第三方可以通过继承 Node 和 Gateway 基础类来开发自己的 Cloud Foundry 服务。

Health Manager：该组件从各个 DEA 里获取运行信息，然后进行统计分析、报告等。统计数据会与 Cloud Controller 的设定指标进行对比，并提供警告等。Health Manager 模块目前还不是十分完善，在代码结构上，Health Manager 模块放在 Cloud Controller 的目录下。

DEA（Droplet Execution Agents）：老版本的 DEA 组件中包含了应用运行时启动、停止等简单命令，并且用户的应用可以随意访问文件系统。新版本的 DEA 组件中增加了 Warden Container 模块（一个程序运行容器），这个容器提供了一个孤立的环境，DEA 只可以获得受限的 CPU、内存、磁盘访问权限、网络权限。DEA 会接收 Cloud Controller 模块发送的启动、停止等应用管理请求，然后，从 NFS 里找到合适的 Droplet 运行程序。最后，DEA 把这个信息告诉 Router 模块，进行应用程序的统计，并将应用的运行信息告诉 Health Manager 模块。

NATS：Cloud Foundry 的架构是基于消息发布与订阅的，使用 NATS 组件来联系各个模块。NATS 是 Derek Collison 开发的，是一个基于事件驱动的轻量级支持发布、订阅机制的消息系统。新版本的 NATS 可以支持多服务器节点，避免单节点的 NATS 导致系统在 HA 方面的不稳定性。Cloud Foundry 的各个组件是基于消息发布订阅机制构建的，每个节点上的各个模块会根据自己的消息类别，向 Message Bus 发布多个消息主题，同时也向自己需要交互的模块，按照需要的信息内容的消息主题订阅消息。

1.1.5 容器云的基本情况

容器为用户打开了一扇通往新世界的大门，在真正进入容器的世界后，用户会发现新的生态系统如此庞大。在使用容器时，无论是个人还是企业，都会提出更复杂的需求。我们需要众多跨主机的容器协同工作，需要支持各种类型的工作负载，更需要企业级应用开发基于容器技术，实现支持多人协作的持续集成、持续交付平台。即使 Docker 只需一条命令就可以启动一个容器，但在将其推广到软件开发和生产环境中时，麻烦便层出不穷，与容器相关的网络、存储、集群、高可用等就是不得不面对的问题。从容器到容器云的进化应运而生。

容器云以容器作为资源分割和调度的基本单位，封装整个软件的运行环境，为开发者和系统管理员提供用于构建、发布和运行分布式应用的平台。当容器云专注于资源共享与隔离、容器编排与部署时，它更接近传统的 IaaS。当容器云渗透到应用支撑与运行环境时，它更接近传统的 PaaS。

Docker 是一个开源的应用容器引擎，让开发者可以打包他们的应用和依赖包到一个可移植的镜像中，然后发布到流行的 Linux 或 Windows 系统上。Kubernetes 是一个针对容器应用，可以进行自动部署、弹性伸缩和管理的开源系统，其主要功能是生产环境的容器编排。Docker+Kubernetes 构成的容器云已经成为主流的 PaaS 解决方案，推动云计算 PaaS 层的完善和普及。

1.2 云原生开发的基本概念

云原生（Cloud Native）是一种构建和运行应用程序的方法，是一套技术体系和方法论。Cloud 表示应用程序位于云平台中，而不是传统的数据中心中。Native 表示应用程序在设计之初就考虑云平台的环境，为云平台而设计，在云平台上以最佳状态运行，充分利用和发挥云平台的弹性和分布式优势。

1.2.1 云原生的 4 要素

华为曾对符合云原生架构的应用程序这样描述：采用开源堆栈（Kubernetes+Docker）进行容器化，基于微服务架构提高灵活性和可维护性，借助敏捷方法、DevOps 支持持续迭代和运维自动化，利用云平台设施实现弹性伸缩、动态调度、优化资源利用率。通过华为的这段描述，可以总结出云原生的 4 要素：微服务、DevOps、持续交付、容器，这是现在公认的，也是 Pivotal 概括的 4 要素，对此，不同的云服务提供商在 4 要素的基础上有所延伸，有着自己的见解。

2013 年，Pivotal 的 Matt Stine 首次提出云原生的概念。

2015 年，Matt Stine 的《迁移到云原生架构》定义了云原生架构的特征：12 要素、微服务、自敏捷架构、基于 API 协作、扛脆弱性。同年，云原生计算基金会（CNCF）成立，并将云计算定义为：容器化封装+自动化管理+面向微服务。

2017 年，Matt Stine 将云原生架构归纳为模块化、可观察、可部署、可测试、可替换、可处理。同年，Pivotal 将云原生概括为：DevOps+持续交付+微服务+容器。

2018 年，云原生计算基金会更新了云原生的定义，增加了服务网格（Service Mesh）、声明式 API。

从云原生诞生到发展的脉络来看，云原生的定义不断完善，并存在概念混乱、不统一的现状，不过目前大多数云计算企业习惯使用“DevOps+持续交付+微服务+容器”来定义云原生。下面，我们来简单理解一下云原生的 4 要素。

1. 微服务

传统 Web 应用通常为单体应用系统，如使用 WebSphere、WebLogic 或.Net Framework 等，从前端到中间件再到后端，各个组件一般集中式地部署在服务器上。随着 Web Service 标准的推出，应用以标准的服务交付，应用之间通过远程服务调用（RPC）进行交互，形成了面向服务的架构（Service-Oriented Architecture，SOA），极大地提升了应用组件的标准化程度和系统集成效率。云原生应用的体量更小，因为传统单体应用的功能被拆解成大量独立、细粒度的服务。

微服务是一个独立发布的应用服务，可以作为独立组件升级、复用等，每个服务可以由专门的组织单独完成，依赖方只要定好输入和输出接口即可完成开发，整个开发团队的组织架构更精简，沟通成本低、效率高。微服务的优点是后续业务修改时可复用现有的微服务，而不需要关心其内部实现，可以最大限度地减少重构开销。

2. DevOps

DevOps 字面上由 Dev、Ops 两个词组合而成，即开发人员、运维人员。实际上，DevOps 是一组过程、方法与系统的统称，DevOps 强调高效组织团队之间如何通过自动化的工具协作和沟通来完成软件的生命周期管理，从而更快、更频繁地交付更稳定的软件。

虽然 DevOps 不等同于敏捷开发，但它是敏捷开发的有益补充，很多 DevOps 的开发理念（如自动化构建和测试、持续集成和持续交付等）来自敏捷开发。与敏捷开发不同的是，DevOps 更多的是消除开发和运营侧的隔阂，聚焦于加速软件部署。当前，很多云原生应用的业务逻辑需要及时调整，功能需要快速丰富和完善。由于云端软件的快速迭代，云应用在开发后需要快速交付部署，因此开发运营一体化已经深深地融入云原生应用整个生命周期中。

3. 持续交付

持续交付是不误时开发，不停机更新，小步快跑，反传统瀑布式开发模型。持续交付的目的是快速应对客户的需求变化，要求发布非常频繁，所以会存在多个版本同时提供服务的情况，因此需要支持灰度发布，同时需要很多流程和工具支撑。

4. 容器

Docker 是软件行业非常受欢迎的软件容器项目，Docker 起到应用隔离的作用，将微服务及其所需的所有配置、依赖关系和环境变量移动到全新、无差别的运行环境中，移植性强。但是 Docker 没有考虑分布式应用的部署和编排，在网络和存储方式方面都没有提出比较好的方式，包括 Docker-Compose。

1.2.2 云原生开发与传统应用软件开发的差异

云原生开发与传统应用软件开发的差异如表 1.1 所示。

表 1.1 云原生开发与传统应用软件开发的差异

项　目	云原生开发	传统应用软件开发
编程语言	以网络为中心的语言：HTML、CSS、Java、JavaScript、.NET、Go、Node.js、PHP、Python 和 Ruby	传统语言：C、C++、C#、企业级 Java 等
可更新性	应用程序始终是最新的，且始终可用	应用程序需要更新，通常由供应商按需提供，在安装更新时需要停机
弹性	应用程序通过在峰值期间增加的资源来利用云平台的弹性	应用程序无法动态扩展
多租户	应用程序在虚拟化环境中工作，并与其他应用程序共享资源	许多在本地部署的应用程序在虚拟化环境中不能正常工作

续表

项　目	云原生开发	传统应用软件开发
连接的资源	适应网络、存储甚至数据库技术的变化，以允许应用程序在云平台中运行	应用程序与网络资源的连接相当严格，如网络、安全性、权限和存储。许多资源需要硬编码，如果移动或更改了任何内容，连接就会中断
服务中断时间	云部署存在比本地部署更大的冗余，如果云服务提供商的服务中断，则另一个冗余区域可以快速消除中断	可以提前准备好故障转移，但如果服务器出现故障，应用程序可能会崩溃
自动化	大部分是自动化的，以实现可重复性、自助服务、敏捷性、可扩展性，以及审计和可控制	应用程序必须手动管理
模块化设计	更加模块化，许多功能被分解为微服务，允许在不需要时关闭。更新推广到模块而不是整个应用程序	在设计上往往是单一的，会将一些工作卸载到数据库中，但最终是一个包含大量子程序的大应用程序
无状态	云平台的松耦合的特性意味着应用程序与基础架构无关，应用程序将其状态存储在数据库或其他外部实体中	大多数应用程序是有状态的，意味着它们会在运行代码的基础架构上存储应用程序的状态。在添加服务器资源时可能会破坏应用程序

1.2.3　云原生应用开发的技术基础

云原生应用开发是一种构建和运行应用以充分利用云计算模型优势的方法，即创建响应式、有弹性且有恢复能力的应用。云原生应用开发使企业能够在现代化的动态环境（如公共云、私有云和混合云）中构建和运行可扩展应用。

云原生应用开发技术能够解决用户面临的挑战。第一项挑战是用户需要一个值得信赖、技术领先、基于标准的云原生平台，该平台应具有协同工作能力并提供一致的开发人员体验。这样一来，公司可以将更多时间用来构建应用，不必对基础架构和配置投入太多精力。另外，数字化转型需要使用云计算、开源软件和大数据管理等技术。公司需要充分利用现有的软件和应用投资。但是，大多数现有系统并非为云和移动应用而设计，公司很难从现有应用中访问和使用相应的数据和服务。第二项挑战是用户需要连接、扩展现有应用并将现有应用现代化，以适应不断变化的需求。第三项挑战是用户需要在采用新兴技术和新工具与现有流程、团队、文化之间进行协调，以达到可观的投资回报率，尽可能从新技术投资中获得最大价值。

云原生应用开发的特性如下。

（1）打包为容器。

（2）由平台编排，能够在任何云基础架构上运行。

（3）采用微服务的原理。

（4）使用持续交付、DevOps 等进行开发。

云原生开发可以加快应用的开发和交付速度，从而做到构建新的应用和服务，以支持业务创新和转型；对现有应用进行现代化改造，以从现有投资中挖掘新价值；将新的应用和现有的应用连接起来，以推动创新、提高效率并获得竞争优势。云原生应用开发基于以下 4 个关键技术和方法。

1. 容器和编排

与标准虚拟机（VM）相比，容器具有更高的效率、密度和速度，因此成为交付云原生应用的理想部署单元和自包含执行（计算和存储）环境。编排提供了管理容器化工作负载和服务的工具，并且可以实现自动化。

2. DevOps 自动化和持续交付

DevOps 自动化和持续交付指导构建应用及运行该应用所需的流程、协作和工具。从最初的想法到生产发布，再到客户反馈，最后根据用户反馈增强功能，所有步骤都是自动完成的，从而实现持续创新。

3. 微服务和服务网格

松耦合的系统更易于构建、测试、部署和更新。即便不是每个云原生项目都从微服务开始，但最终的架构是基于微服务的。通过转移用于协调服务之间通信的应用代码，并将它们作为可配置基础架构组件，服务网格可以简化微服务开发。

4. API 和 API 管理

应用编程接口（API）是构成云原生应用的服务的默认接口，用于交换数据和功能。API 简化了应用的组合、测试和维护。此外，API 管理可以在公司的 API 与使用这些 API 的开发人员、用户、合作伙伴和员工之间提供安全中介和策略实施服务。

1.3 云原生开发的基本要求

1.3.1 12 要素

12 要素的英文全称是 The Twelve-Factor App，它描述了软件应用原型，诠释了使用原生云应用架构的原因，强化了详细配置和规范，类似于 Rails 的基于“约定优于配置”的原则，可应用于大规模软件的生产实践。基于 12 要素的上下文关联，软件生产就变成了单一的部署单元。多个联合部署的单元组成一个应用，多个应用之间的关系可以组成一个复杂的分布式系统应用。云原生开发的 12 要素如图 1.8 所示。

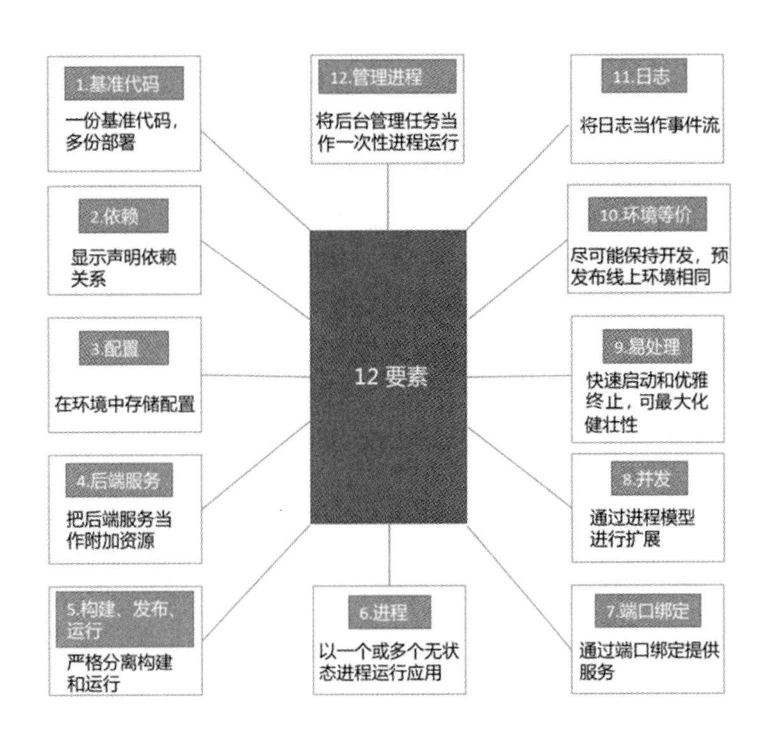

图 1.8　云原生开发的 12 要素

（1）基准代码：每个部署的应用都在版本控制代码库中被追踪。多个部署环境中会有多个部署实例，单个应用只有一份代码库，多份部署相当于运行了该应用的多个实例，如开发环境、测试环境、生产环境都有一个实例。在云计算架构中，所有的基础设施都是代码配置，即 Infrastructure as Code（IaC），整个应用通过配置文件就可以编排出来，不再需要手动干预，做到基础服务也是可以追踪的。

（2）依赖：应用程序不会隐式依赖系统级的类库，而是通过依赖清单声明所有依赖项。在运行过程中，通过依赖隔离工具确保程序不会调用系统中存在但清单中未声明的依赖项，这一做法会被统一应用到生产环境和开发环境中。在容器应用中，所有应用的依赖和安装都是通过 Dockerfile 来完成声明的，通过配置能够明确地将依赖关系（包括版本），以图形化的形式展示出来，不存在黑盒。

（3）配置：环境变量是一种清楚、容易理解和标准化的配置方法，将应用的配置存储于环境变量中，保证配置被排除在代码之外。用户可以非常方便地在不同的部署间对环境变量进行修改，却不修改任意一行代码。与配置文件不同，不小心将环境变量签入代码库的概率微乎其微。与一些传统的解决配置问题的机制（如 Java 的属性配置文件）相比，环境变量与语言和系统无关。实例根据不同的环境配置在不同的环境中运行，实现配置即代码。在云环境中，无论是统一的配置中心还是分布式的配置中心都有好的实践方式，如 Docker 的环境变量使用。

（4）后端服务：不用区别对待本地或第三方服务，统一把依赖的后端当作一种服务来对待，如数据库或消息代理，作为附加资源，同等地在各种环境中被消耗。在云架构的基础服务中，计算、网络、存储资源都可以被当作一种服务去对待和使用，不用区分是远程的还是本地的。

（5）构建、发布、运行：应用严格区分构建、发布、运行这 3 个阶段。这 3 个阶段是严格分开的，一个阶段对应一件事情，每个阶段有很明确的实现功能。构建阶段是将代码仓库转换为可执行包的过程，构建时会使用指定版本的代码，获取和打包依赖项，编译成二进制文件和资源文件。发布阶段是将构建的结果和当前的部署需求相结合，并能够立刻在运行环境中投入使用。运行阶段是指针对选定的发布版本，在执行环境中启动一系列应用程序。代码先被构建，然后和配置环境结合成为发布版本。部署工具通常提供了发布管理工具，最引人注目的功能是退回至较旧的发布版本，每个发布版本必须对应一个唯一的发布 ID。在部署新的代码之前，开发人员需要触发构建操作。在云原生应用中，基于 Docker 的 Build、Ship、Run 和这 3 个阶段完全吻合，这也是 Docker 对本原则的最佳实践。

（6）进程：进程必须无状态且不共享，即云应用以一个或多个无状态且不共享的程序运行。任何必要状态都被服务化到后端服务中（缓存、对象存储等）。所有应用在设计时就认为随时随地会失败，面向失败而设计，因此进程可能会被随时拉起或消失，特别是在弹性扩容的阶段。

（7）端口绑定：不依赖于任何网络服务器就可以创建一个面向网络的服务，每个应用的功能都很齐全，通过端口绑定（Port Binding）对外提供所有服务，如 Web 应用通过端口绑定提供服务，并监听发送至该端口的请求（包括 HTTP）。在容器应用中，应用统一通过暴露端口来服务，尽量避免通过本地文件或进程来通信，每种端口服务通过服务发现机制来对外提供服务。

（8）并发：并发可以依靠水平扩展应用程序进程来实现，通过进程模型进行扩展，并且具备不共享、水平分区的特性。在互联网的服务中，业务量的爆发随时可能发生，因此不太可能通过硬件扩容来随时提供扩容服务，需要依赖横向扩展能力进行扩容。

（9）易处理：所有应用都需要支持被随时销毁，和状态的无关性保持一致，允许系统快速弹性扩展、改变部署及故障恢复等。在云环境中，由于业务的高峰值和低峰值经常需要实现快速、灵活、弹性的伸缩应用，以及不可控的硬件因素等，应用可能随时会发生故障，因此，应用在架构设计上需要尽可能无状态，能随时随地被拉起，也能随时随地被销毁，同时保证进程最小启动时间和架构的可弃性，也可以提供更敏捷的发布及扩展过程。

（10）环境等价：必须缩小本地与线上的差异，确保环境的一致性，保持研发、测试和生产环境尽可能相似，这样可以提供应用的持续交付和部署服务。在容器化应用中，通过文件构建的运行环境能做到版本化，因此可以保证不同环境的差异性，同时大大减少因环境不同带来的排错等成本沟通问题。

（11）日志：日志是事件流的汇总，将所有运行的进程和后端服务的输出流按照时间顺序收集起来。日志最原始的格式是一个事件一行，因此在回溯问题时可能需要查看很多行。日志随着应用的运行会持续增加。每个运行的进程都会标准输出（stdout）事件流。用户可以将日志当作数据源，通过集中服务，执行环境收集、聚合、索引和分析等事件。日志是系统运行状态的部分体现，无论是在系统诊断、业务跟踪方面，还是作为大数据服务的必要条件，Docker 提供标准的日志服务，用户可以根据需求开发自定义的插件来处理日志。

（12）管理进程：管理或维护应用的运行状态是软件维护的基础部分，如数据库迁移、健康检查、安全巡检等，在与应用长期运行的程序相同的环境中，管理进程作为一次性程序运行。在应用架构模式中，如 Kubernetes 的 Pod 资源或 dockerexec，管理进程可以随着其他的应用程序一起发布，或者在出现异常时通过相关的程序去管理应用程序的状态。

1.3.2 云原生开发框架

为了抓住商业机会，业务需要快速迭代，不断试错，因此企业需要拥有持续交付的能力（包括技术需求和产品需求）。效率低下的巨石型架构无法满足企业的需求，因此微服务架构应运而生。它把系统划分为一个个独立的个体，每个个体服务的设计都满足 12 要素。系统被分成了几十个甚至几百个服务组件，需要借助 DevOps 才能很好地满足业务协作和发布等流程。DevOps 的有效实施需要依赖敏捷的基础设施服务，即云计算模式来满足整体要求。云原生开发架构如图 1.9 所示。

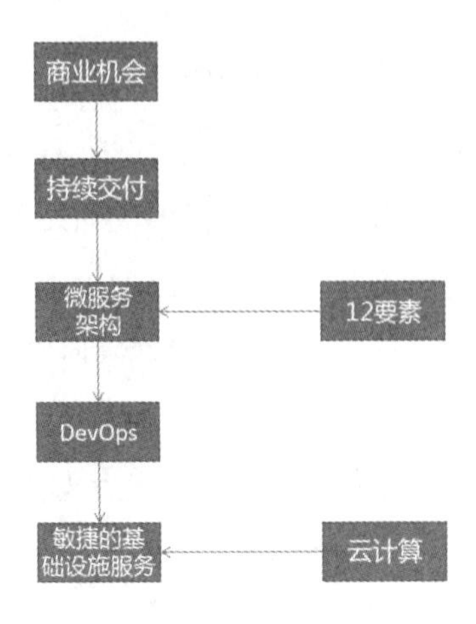

图 1.9　云原生开发架构

1.3.3　云原生应用的设计原则

高可用设计（Design for Availability）：依据业务需求，高可用分为不同级别，如不同区域、不同机房（跨城或同城）、不同机柜、不同服务器和不同进程。云原生应用应该根据业务的可用性要求设计不同级别的架构支持。

可扩展设计（Design for Scale）：所有应用的设计是无状态的，因此业务天生具有扩展性。在业务流量高峰和低峰时期，依赖云的特性自动弹性扩容，满足业务需求。

快速失败设计（Design for Failure）：既包括系统之间依赖的调用随时可能失败，也包括硬件基础设施服务随时可能宕机，还包括后端有状态服务的系统能力可能有瓶颈，并在发生异常时能够快速失败，然后快速恢复，以保证业务永远在线。

目前，云原生计算基金会给出了云原生应用的三大特征。

（1）容器化封装：以容器为基础，提高整体开发水平，形成代码和组件重用，简化云原生应用程序的维护。在容器中运行的应用程序和进程作为应用程序部署的独立单元，实现高水平资源隔离。

（2）动态管理：通过集中式的编排调度系统来动态地管理和调度。

（3）面向微服务：明确服务之间的依赖关系，互相解耦。

1.3.4　云原生开发的要点

不要试图将旧的本地部署应用程序直接迁移到云端。利用现有的应用程序，特别是单一的遗留应用程序，并将它们转移到云基础架构中将无法使用必要的云原生功能。可以将新的云原生应用程序放入新的云基础架构中，或者通过拆分现有的单块应用进行云原生原则重构。需要放弃旧的开发方法，不再使用瀑布模型。需要采用新的云原生方法，如最小可行产品（MVP）开发、多变量测试、快速迭代，以及在 DevOps 模型中跨组织边界密切合作。

1.4　云原生开发的技术要点

1.4.1　微服务的技术要点

微服务架构是一种架构模式，它提倡将单一应用程序划分成一组小的服务，服务之间相互协调、互相配合。每个服务运行在独立的进程中，服务和服务之间采用轻量级的通信机制相互沟通（通常是基于 HTTP 的 RESTful API）。每个服务都围绕具体的业务进行构建，并且能够被独立部署到生产环境、类生产环境等环境中。另外，应尽量避免统一的、集中的服务管理机制，对一个具体的服务而言，应根据业务上下文，选择合适的语言、工具对其进行构建。几乎每个云原生的定义都包含微服务，微服务的理论基础是康威定律。

传统的 Web 开发模式是单体式开发，将所有开发出来的功能存放在一个容器中。它的优点是开发小规模项目时便捷、快速，当项目的规模逐渐变大时，开发与维护的成本将会迅速增加，当某个子模块出现 Bug 时，整个系统会宕机。在开发规模较大的项目时，微服务的优势就体现出来了，微服务可以有效地拆分应用，实现敏捷开发和部署。

SOA 是一种粗粒度、松耦合服务架构，服务之间通过简单、精确定义接口进行通信，不涉及底层编程接口和通信模型。从本质意义上看，微服务还是 SOA 架构，但内涵有所不同。微服务并不绑定某种特殊的技术，在一个微服务的系统中，可以有使用 Java 语言编写的服务，也可以有使用 Python 语言编写的服务，它们使用 RESTful 架构风格统一成一个系统。所以微服务本身与具体技术实现无关，扩展性强。SOA 偏重重用，微服务偏重重写；SOA 偏重水平服务，微服务偏重垂直服务；SOA 是自上而下的，微服务是自下而上的。

1. 微服务架构的优点

（1）复杂度可控：每一个微服务专注于单一的功能，并通过定义良好的接口清晰地表述服务边界。由于体积小、复杂度低，每个微服务可由一个小规模开发团队完全掌控，易于保持程序的高可维护性，提高开发效率。

（2）可独立部署：微服务具备独立的运行进程，所以每个微服务都可以独立部署。当某个微服务发生变更时，无须编译、部署整个应用。由微服务组成的应用相当于具备一系列可并行的发布流程，应用发布更加高效，最终缩短应用交付周期。

（3）技术选型灵活：在微服务架构下，技术的选型是多样化的。每个团队都可以根据自身服务的需求和行业发展的现状自由选择最适合的技术。由于每个微服务相对简单，当需要对技术进行升级时，面临的风险较低。

（4）易于容错：当架构中的某一组件发生故障时，在单一进程的传统架构下，故障很有可能在进程内扩散，导致整个应用不可用。在微服务架构下，故障会被隔离在单个服务中。如果设计良好，其他服务可通过重试、平稳退化等机制实现应用层面的容错。

（5）易于扩展：单个服务应用也可以实现横向扩展，这种扩展可以通过将整个应用完整地复制到不同的节点中实现。当应用的不同组件在扩展需求上存在差异时，微服务架构就体现出其灵活性，因为每个服务可以根据实际需求独立进行扩展。

（6）功能特定：每个微服务有自己的业务逻辑和适配器，并且一个微服务一般只完成某个特定的功能，例如商品服务只管理商品、客户服务只管理客户等。这样开发人员可以完全专注于某一个特定功能的开发，从而提高开发效率。

2．微服务架构的缺点

1）开发人员必须处理创建分布式系统的复杂性

开发工具（或 IDE）面向构建传统的单体应用程序，不为开发分布式应用程序提供全面的功能上的支持，测试更加困难。在微服务架构中，服务数量众多，每个服务都是独立的业务单元，服务主要通过接口进行交互，如何保证依赖的正常，是测试面临的主要挑战。开发人员必须实现服务之间的通信机制。在实现用例跨多个服务时，需要面对使用分布式事务管理的困难。在实现跨多个服务的用例时，需要团队之间进行仔细的协调。

2）部署的复杂性

在部署和管理时，由许多不同服务类型组成的系统的操作比较复杂，这将要求开发、测试及运维人员有相应的技术水平。

3）增加内存消耗

微服务架构使用多个服务实例取代一个单体应用程序实例，如果每个服务都在自己的 JVM 中运行，那么有多少个服务实例，就会有多少个实例在运行时产生内存开销。

1.4.2 容器化的技术要点

Docker是应用十分广泛的容器引擎，基于LXC技术，在Cisco、Google等公司的基础设施中被大量使用。容器化为微服务提供实施保障，起到应用隔离的作用。Kubernetes是容器编排系统，用于容器管理、容器之间的负载均衡。容器化技术如图1.10所示。

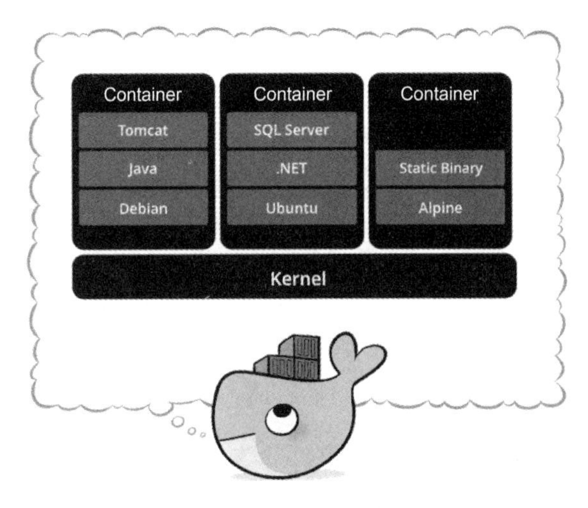

图1.10 容器化技术

（来源：阿里云开发者社区）

1.4.3 DevOps的技术要点

DevOps（开发运维一体化）：DevOps是一组过程、方法与系统的统称，用于促进开发（应用程序/软件工程）、技术运营和质量保障（QA）部门之间的沟通、协作与整合。DevOps是一种敏捷思维，是一种沟通文化，也是组织形式，为云原生提供持续交付能力。从定义来看，DevOps就是为了让开发、运维和QA高效协作的流程，可以被看作三者的交集。

DevOps对应用程序发布的影响如下。

（1）减少变更范围。与传统的瀑布模型相比，采用敏捷或迭代式开发意味着更频繁的发布，每次发布包含的变化更少。由于经常进行部署，因此每次部署不会对生产系统产成巨大影响，应用程序会以平滑的速度逐渐生长。

（2）加强发布协调。依靠强大的发布协调人来弥合开发与运营之间的技能鸿沟和沟通鸿沟。采用电子数据表、电子数据表、电话会议和企业门户等协作工具来确保所有相关人员理解变更的内容并全力合作。

（3）自动化。采用强大的部署自动化手段来确保部署任务的可重复性，减少部署出错的可能性，大大提升发布频率（通常以“天”或“周”为单位）。

DevOps 工具链包括以下内容。

（1）编码：代码开发和审阅，版本控制工具、代码合并工具。

（2）构建：持续集成工具、构建状态统计工具。

（3）测试：通过测试和结果确定绩效的工具。

（4）打包：成品仓库、应用程序部署前暂存。

（5）发布：变更管理、发布审批、发布自动化。

（6）配置：基础架构配置和部署，基础架构即代码工具。

（7）监视：应用程序性能监视、最终用户体验。

DevOps 的软性需求：文化和人。DevOps 的成功与否，关键是公司组织是否利于协作。协作存在于开发人员和运维人员、业务人员与开发人员之间。通过良好沟通、互相学习，从而拥有更高的生产力，使软件产品得到更好的一致性和更高的质量。

1.4.4 持续交付的技术要点

持续交付（Continuous Delivery，CD）是一种软件工程方法，让软件产品的产出过程在一个短周期内完成，以保证软件稳定、持续地保持在随时可以被发布的状态，目标在于让软件的构建、测试与发布变得更快、更频繁。这种方式可以减少软件开发的成本与时间，降低风险。持续交付是不误时开发，不停机更新，小步快跑，反传统瀑布式开发模型，这要求开发版本和稳定版本并存，需要很多流程和工具支撑。持续交付技术如图 1.11 所示。

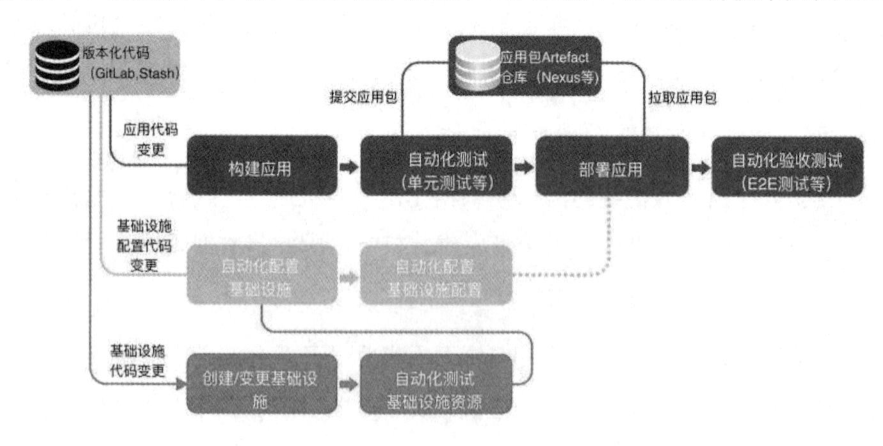

图 1.11　持续交付技术

（来源：阿里云开发者社区）

持续发布的基本方法如下。

1. 蓝绿部署

在蓝绿部署的过程中，应用始终在线。新版本在上线的过程中，并没有修改老版本的任何内容，老版本的状态不受影响。这样风险很小，只要老版本的资源不被删除，理论上，我们就可以在任何时间回滚到老版本。

2. 滚动部署

滚动部署一般是取出一个或多个服务器来停止服务，执行更新，并重新将其投入使用，周而复始，直到集群中所有的实例都更新成新版本。优点：与蓝绿部署相比，滚动部署更加节约资源——它不需要运行两个集群、两倍的实例数，可以部分部署，例如，每次只取出集群的 20%进行升级。缺点：（1）没有一个确定无错误的环境；（2）修改了现有的环境；（3）难以回滚，如在某一次发布中需要更新 100 个实例，每次更新 10 个实例，每次部署需要 5 分钟，当滚动发布到第 80 个实例时，发现了问题需要回滚，这个回滚将是一个烦琐而漫长的过程；（4）因为滚动部署是逐步更新的，在上线代码时，会短暂出现新老版本不一致的情况，如果是上线要求较高的场景，就需要考虑如何做好兼容的问题。

3. 灰度发布（金丝雀发布）

灰度发布是指在黑与白之间，能够平滑过渡的一种发布方式。AB test 就是一种灰度发布方式，让一部分用户继续使用 A，另一部分用户开始使用 B，如果用户对 B 没有反对意见，那么逐步扩大 B 的使用范围，把所有用户迁移到 B 上面来。灰度发布可以保证系统整体的稳定，在初始灰度的时候就可以发现、调整问题，以保证其影响度。而我们平常所说的金丝雀发布也是灰度发布的一种方式。

1.5　微服务架构的基本原理

微服务是一种软件开发技术，是面向服务的体系结构（SOA）的一种变体，是一种云原生架构方法，其中单个应用程序由许多松耦合且可独立部署的组件或服务组成。这些服务通常有自己的堆栈，包括数据库和数据模型。通过 RESTful API、事件流和消息代理的组合相互通信。它们是按业务能力组织的，分隔服务的线通常称为有界上下文。尽管许多有关微服务的讨论都围绕体系结构的定义和特征展开，但它们的价值可以通过相当简单的业务和组织收益被更普遍地理解：可以更轻松地更新代码；不同的组件可以使用不同的堆栈；

组件可以彼此独立地进行缩放，从而减少了因必须缩放整个应用程序而产生的浪费和成本，因为单个功能可能面临过多的负载。

微服务架构经常与整体架构和 SOA 进行比较。微服务架构与整体架构之间的区别在于，微服务架构由许多较小的、松耦合的服务组成一个应用程序，与大型的、紧密耦合的应用程序的整体方法相反。微服务架构与 SOA 的区别在于，SOA 是企业范围内的一项工作，旨在标准化所有服务之间相互交流和集成的方式，而微服务体系结构则是特定于应用程序的。

1.5.1 受益方法

微服务在管理人员和项目负责人中也很受欢迎，这是微服务较不寻常的特征之一，因为架构热情通常是为实际工程师保留的。微服务是一种架构模型，可以更好地促进所需的运营模型。

1. 可独立部署

微服务由于服务较小且可独立部署，因此不需要烦琐的操作就能更改应用程序中的一行代码。微服务向组织承诺了解决方案，以解决因细微变化而引起的内在挫折，这需要花费大量的时间。在计算机科学中可以看到或理解更好地提高速度和敏捷性的方法的价值。但是，速度并不是以这种方式设计服务的唯一价值。一种常见的新兴组织模型是将跨职能的团队聚集在业务问题、服务或产品上。微服务模型非常适合这种趋势，因为它使组织能够围绕一项服务或一组服务创建跨职能的小型团队，并使它们以敏捷的方式运作。服务的小规模加上清晰的边界和沟通模式，使团队的新成员更容易理解代码库并快速做出贡献，这对提高开发速度和提升员工士气方面均具有明显的好处。

2. 正确的工作工具

在传统的 *N* 层体系结构模式中，应用程序通常共享一个公共堆栈，而大型关系数据库支持整个应用程序。这种方法有几个明显的缺点，最主要的缺点是，即使对于某些元素有一个更好的工具，应用程序的每个组件也必须共享一个公共的堆栈、数据模型和数据库。它使体系结构变得糟糕，并且使开发人员感到沮丧。开发人员意识到可以使用更好、更有效的方式来构建这些组件。相比之下，在微服务模型中，组件是独立部署的，并通过 RESTful API、事件流和消息代理的某种组合进行通信，因此，开发人员可以针对该服务优化每个单独服务的堆栈。技术一直在变化，由多个较小的服务组成的应用程序更容易开发且成本更低。

3. 精确缩放

使用微服务可以单独部署单个服务，也可以单独扩展它们。由此带来的好处是显而易见的：如果正确完成，微服务比单个应用程序所需的基础结构要少，因为微服务支持对需要它的组件进行精确缩放。

1.5.2 关键支持技术和工具

尽管现代工具或语言几乎都可以在微服务体系结构中使用，但一些核心工具已成为微服务体系结构中必不可少的工具，如容器（Docker和Kubernetes）。微服务的关键要素之一是它通常体量很小（不以代码的数量来确定某项内容是否为微服务，只是名称中恰好有“微”字）。2013年，Docker的容器技术也推出了计算模型，与微服务密切相关。由于单个容器没有操作系统的开销，因此它们可以更快地上下旋转，从而使其与微服务架构中更小、更轻便的服务完美匹配。随着服务和容器的激增，对大型容器进行编排和管理成为关键挑战之一。

1. API网关

在项目还是单体应用的时候，虽然没有API网关的概念，但在项目中都会用到Filter之类的过滤器。Filter的作用是把项目中的一些非业务逻辑的功能抽离出来以独立处理，避免与业务逻辑混在一起增加代码的复杂度，如鉴权认证功能、Session处理、安全检查、日志处理等。采用微服务架构后，一个项目中有很多微服务节点，如果让每个节点都去处理上面提到的鉴权认证功能、Session处理、安全检查、日志处理，就会多出很多冗余的代码，也会增加业务代码的复杂度，因此我们需要一个API网关把这些公共的功能独立出来，使其成为一个服务来统一处理这些事情。API网关就像微服务的大门守卫一样，是连通外部客户端与内部微服务的一个桥梁，其主要功能有路由转发、负载均衡、安全认证、日志记录、数据转换。

2. 消息传递

尽管最佳实践可能是设计无状态服务，但是状态仍然存在，用户在设计服务时需要意识到这一点。尽管API调用通常是初始为给定服务建立状态的有效方法，但它并不是保持最新状态的特别有效的方法。通过不断的民意测验“我们到了吗？”来使服务保持最新状态的方法根本不切实际。用户必须将建立状态的API调用与消息传递或事件流耦合在一起，以便服务可以广播状态的更改，而其他相关方可以侦听这些更改信息并进行相应的调整。

这项工作适合通过通用消息代理来实现，但是在某些情况下，事件流传输平台（如 Apache Kafka）是一个很好的选择。

3. 无服务器

无服务器架构将某些核心云和微服务模式纳入其逻辑结论。在无服务器的情况下，执行单元不仅是一个小型服务，还是一个功能，通常只是几行代码。无服务器与微服务之间的界限模糊，但通常认为无服务器的作用比微服务小。无服务器架构和功能即服务（FaaS）平台与微服务相似的地方在于，它们都对创建更小的部署单位及根据需求进行精确扩展感兴趣。

1.5.3 常见模式

在微服务架构中，有许多常见且有用的设计。通信和集成模式可以帮助用户解决一些常见的问题，它包括以下模式。

（1）后端到后端（BFF）模式：此模式在用户体验和体验调用的资源之间插入一层。例如，在台式机上使用的应用与移动设备的屏幕大小、显示和性能限制不同。BFF 模式允许开发人员使用该接口的最佳选项来为每个用户界面创建和支持一种后端类型，而不是尝试支持可以与任何接口一起使用但可能会对前端性能产生负面影响的通用后端。

（2）实体和聚合模式：实体是通过其身份区分的对象。例如，在电子商务站点上，可以通过产品名称、类型和价格来区分“产品”对象。集合是一组应视为一个单位的相关实体的集合。因此，对于电子商务站点，“订单”将是买方订购的产品（实体）的集合。这种模式用于以有意义的方式对数据进行分类。

（3）服务发现模式：此模式帮助应用程序和服务进行彼此查找。在微服务架构中，服务实例因为扩展、升级、服务故障、服务终止而动态变化。这种模式提供了发现机制来应对这种变化。负载平衡可以通过将运行状况检查和服务故障用作重新平衡流量的触发器来使用服务发现模式。

（4）适配器模式：我们可以以旅行到另一个国家时使用插头适配器的方式来思考适配器模式。适配器模式的目的是帮助用户转换不兼容的类或对象。依赖第三方 API 的应用程序可能需要使用适配器模式，以确保该应用程序和 API 可以通信。

1.5.4　反模式

尽管有许多很好地完成微服务的模式，但也有一些模式可以使开发团队迅速陷入困境。在开发过程中，通常需要遵循以下规则。

（1）不要构建微服务，更准确地说，不要从微服务开始。一旦应用程序变得太大和笨拙而无法轻松更新和维护，微服务是一种解决复杂性的方法。只有在你感到痛苦和程序越来越复杂时，才值得考虑将应用程序重构为较小的服务。在你感到痛苦之前，还需要重构整体。

（2）不要在没有 DevOps 或云服务的情况下构建微服务。构建微服务意味着构建分布式系统，但构建分布式系统很难。在没有适当的部署和监控自动化或托管的云服务来支持庞大的异构基础架构的情况下，进行微服务构建会带来很多不必要的麻烦。

（3）不要为了使应用程序变得更小来制造太多的微服务。如果你对微服务中“微”的概念走得太远，那么很容易发现自己的开销和复杂性超过了微服务体系结构的整体收益。最好倾向于大型服务，仅在它们开始发展微服务需要解决的特征时，即部署变更变得越来越困难、通用数据模型变得越来越复杂，或者其中的不同部分服务具有不同的负载/规模要求时，才将它们分开。

（4）不要将微服务转变为 SOA。由于微服务和 SOA 在最基本的层次上都对构建可以被其他应用程序使用的可重用的单个组件感兴趣，因此它们经常相互融合。微服务与 SOA 的区别在于，微服务项目通常涉及重构应用程序，因此更易于管理。而 SOA 关注改变 IT 服务在企业范围内的工作方式。演变为 SOA 项目的微服务项目可能会在自身的负担下崩溃。

（5）不要尝试成为 Netflix。在构建和管理占 Internet 流量三分之一的应用程序时，Netflix 是微服务体系结构的先驱之一，需要构建大量的自定义代码和普通应用程序不需要的服务。我们可以从能应付的步伐开始，避免复杂性并使用尽可能多的现成工具，会变得更好。

本章练习题

一、单选题

1. 在云计算服务体系中，面向开发者的服务是（　　）。

A．IaaS　　B．PaaS

C．SaaS　　D．DaaS

2．在云计算服务体系的分层架构中，位于顶层的是（　　）。

A．IaaS　　B．PaaS
C．SaaS　　D．DaaS

3．不需要虚拟出完整的硬件和操作系统的虚拟化技术是（　　）。

A．SaaS 技术　　B．容器技术
C．大数据技术　　D．虚拟机技术

4．Kubernetes 的主要功能是（　　）。

A．数据清洗　　B．提供容器
C．虚拟化　　D．容器编排

5．Cloud Foundry 是（　　）。

A．基于容器的 PaaS 技术　　B．容器编排技术
C．虚拟化技术　　D．IaaS 云平台技术

6．微服务架构的优势不包括（　　）。

A．系统复杂度低　　B．容错性高
C．扩展性好　　D．促进开发交流

7．能够平滑过渡的持续发布方式是（　　）。

A．金丝雀发布　　B．蓝绿部署
C．滚动部署　　D．持续部署

8．DevOps 工具链中不包括（　　）。

A．采购　　B．编码
C．打包　　D．配置

二、多选题

1．根据采用的虚拟化技术的不同，PaaS 可以分为（　　）。

A．基于虚拟机的 PaaS
B．基于虚拟网络的 PaaS
C．基于容器的 PaaS
D．基于虚拟内存的 PaaS

2．下列属于开源技术的有（　　）。

A．Linux　　B．Docker

C．Windows　　D．vSphere

3．主流的容器云解决方案包括（　　）。

A．Docker　　B．Openstack

C．K8S　　D．Hadoop

4．在采用 PaaS 服务时，用户需要考虑的有（　　）。

A．应用　　B．中间件

C．数据　　D．网络

5．数据持续发布的方法有（　　）。

A．滚动部署　　B．蓝绿部署

C．灰度发布　　D．持续部署

6．DevOps（开发运维一体化）是为了让（　　）可以高效运作的流程。

A．开发　　B．沟通文化

C．技术运营　　D．质量保障

7．云原生的四大特征是 DevOps、（　　）、（　　）和容器。

A．持续交付　　B．容器编排

C．微服务　　D．敏捷开发

三、简答题

1．简述采用 PaaS 云服务时，云服务提供商需要提供的服务。

2．简述微服务如何在 3 个维度上进行扩展。

3．简述云原生的概念。

4．简述滚动部署的基本方法。

项目 2

Docker 基本管理

项目导入

工程师小刘通过学习了解到，搭建 PaaS 云平台要从容器化开始，最常用的容器技术是 Docker。小刘对 Docker 的技术进行了分析，得出了使用 Docker 是轻量级虚拟化方案，可以在公司研发部应用该技术。小刘为公司搭建 Docker 的测试环境，为正式使用 PaaS 做准备。由于公司的软件开发平台需要在私有网络环境下运行，因此需要先搭建一台可以连接公共网络的 Docker 服务器以下载 Docker 平台并安装软件，再批量化配置安装环境。

职业能力目标和要求

- 掌握 Docker 的技术要点。
- 掌握 Docker 的基本架构。
- 理解 Docker 的基本原理。
- 掌握 Docker 的安装和基本使用方法。
- 理解镜像和容器的基本概念。

2.1 Docker 出现之前的世界

2.1.1 计算机发展初期的遗留问题

1971 年，在 TI 和 Intel 的实验室中，两家企业各自独立发明了微处理器，开创了一个新的时代。在那个半导体产业快速发展的时代，Intel、Motorola、National Semiconductor 各自推出了自己的产品，但是各自的产品互不兼容，每种程序只为一种处理器专门设计，极大地限制了软件的应用范围和生命周期。Intel 在 1978 年推出的 Intel 8086 处理器改变了这种状况，Intel 8086 在汇编源程序上完全兼容 Intel 8008、Intel 8080 和 Intel 8085 的处理器，极大地提高了开发效率，Intel 8086 成为之后 X86 架构的基础。

2.1.2 Chroot 的出现

在硬件飞速发展的同时，软件也在飞速地发展着。随着软件规模的扩大，软件的复杂程度也越来越高，软件的不同组件与软件之间的耦合程度也越来越高，让不同软件在相同环境下运行显然不是一种明智的选择。但在当时硬件价格十分高昂的情况下，重新购买一台计算机解决软件不同版本、不同软件之间的相互依赖与不兼容的问题显然更加难以实现。在这样的背景下，Chroot 诞生了。Chroot 可以改变当前进程及其子进程的根目录，对于一切皆是文件的 UNIX 系统来说，改变根目录相当于创建了一个全新的环境。当然 Chroot 并不是完美的，程序可以轻松逃逸，对系统权限支持的不完善也限制了 Chroot 的应用场景。

2.1.3 Java

虽然 Java 的前辈 C++已经很好地解决了代码的兼容性问题，但想把 C++编译后的代码移动到另一台机器上仍然是一件困难的事。Java 使用纯软件的方式实现了一个抽象的处理器，Java 的出现实现了一次编译、到处运行的构想。Java 虽然很好地解决了硬件和系统兼容性的问题，但没有解决环境隔离的问题。除了一个抽象的处理器，随着 Java 的发展，又带来了很多问题，例如，Java 的不同版本导致运行结果的不同。Oracle 公司的商业化和各种数不清的 OpenJDK 项目使 Java 的阵营变得分裂。

2.1.4 虚拟机技术

虚拟机（Virtual Machine）是指通过软件模拟的，具有完整硬件系统功能的，运行在一个完全隔离环境中的完整的计算机系统。虚拟系统通过生成现有操作系统的全新虚拟镜像，具有与真实 Windows 系统完全相同的功能，进入虚拟系统后，所有操作都是在这个全新、独立的虚拟系统中进行的。在虚拟系统中，可以独立安装和运行软件、保存数据、拥有自己的独立桌面，不会对真正的系统产生任何影响，虚拟系统是能够在现有系统与虚拟镜像之间灵活切换的一类操作系统。虚拟系统和传统的虚拟机（Parallels Desktop、VMware、Virtual Box、Virtual PC）的不同在于：虚拟系统不会降低计算机的性能，启动虚拟系统不需要像启动 Windows 系统那样耗费时间，运行程序更加方便快捷；虚拟系统只能模拟和现有操作系统相同的环境，而虚拟机可以模拟出其他种类的操作系统；虚拟机需要模拟底层的硬件指令，所以应用程序的运行速度比虚拟系统慢得多。流行的虚拟机软件有 VMware（VMware ACE）、Virtual Box 和 Virtual PC，它们都能在 Windows 系统上虚拟出多个计算机。

虚拟机技术是虚拟化技术中的一种，虚拟化技术将事物从一种形式转换为另一种形式。常用的虚拟化技术有操作系统中内存的虚拟化。在实际运行时，用户需要的内存空间可能远远大于物理机器的内存空间，利用内存的虚拟化技术，用户可以将一部分硬盘虚拟化为内存，而这对用户是透明的。用户可以利用虚拟专用网技术在公共网络中虚拟化一条安全、稳定的“隧道”，使用户感觉在使用私有网络一样。虚拟机技术最早由 IBM 于 20 世纪六七十年代提出，被定义为硬件设备的软件模拟实现，通常的使用模式是分时共享昂贵的大型机。虚拟机监视器（Virtual Machine Monitor，VMM）是虚拟机技术的核心部分，它是一层位于操作系统和计算机硬件之间的代码，用来将硬件平台分割为多个虚拟机。VMM 在特权模式中运行，主要作用是隔离并且管理上层运行的多个虚拟机，管理它们对底层硬件的访问，并为每个客户的操作系统虚拟一套独立于实际硬件的虚拟硬件环境（包括处理器、内存、I/O 设备）。VMM 采用某种调度算法在各个虚拟机之间共享 CPU，如采用时间片轮转调度算法。

现在虚拟机技术的分类方式有很多种，虚拟机的本质特征是利用下层应用（或系统）为上层应用（或系统）提供不同的接口，因此按照接口对虚拟机技术进行分类更能反映虚拟机的特点。按照虚拟机系统对上层应用提供的接口的不同，形成了不同层次的虚拟机技术，主要包括硬件抽象层虚拟机、操作系统层虚拟机、API（应用程序编程接口，Application Programming Interface）层虚拟机，以及编程语言层虚拟机 4 类。

（1）硬件抽象层虚拟机。对上层软件（用户操作系统）而言，硬件抽象层虚拟机构造了一个完整的计算机硬件系统，这种虚拟机与用户操作系统的接口即处理器指令。

（2）操作系统层虚拟机。通过动态复制操作系统环境，此类虚拟机能够创建多个虚拟运行容器。对运行在每个容器之上的软件而言，此类虚拟机提供了一个完整的操作系统运行环境，而它与上层软件的接口即系统调用接口。

（3）API 层虚拟机。此类虚拟机为上层应用软件提供了特定操作系统运行环境的模拟，但这种模拟并不是对处理器指令的仿真，而是模拟实现该操作系统的各类用户态 API。

（4）编程语言层虚拟机。此类虚拟机通过解释或即时编译技术（Just-In-Time，JIT）来运行语言虚拟机指令，从而实现软件的跨平台特性。

2.2　什么是 Docker

Docker 是一个开源的应用容器引擎（类似于虚拟机技术，但不是虚拟机，它实现了虚拟机中的资源隔离，它的性能远远高于虚拟机），它基于 Go 语言开发并遵循 Apache 2.0 开源协议。Docker 轻便、快速的特性，可以使应用快速迭代。如果想要方便地创建、运行在云平台的应用，必须脱离底层的硬件，同时需要在任何时间、地点获得这些资源，而这正是 Docker 能提供的。Docker 可以让开发者打包他们的应用及依赖包到一个轻量级、可移植的容器中，然后发布到任何流行的 Linux 服务器上，实现虚拟化。通过这种容器打包应用程序，简化了重新部署、调试等琐碎的重复工作，极大地提高了工作效率。容器使用沙盒机制，相互之间不会有接口，并且开销极低。

一个完整的 Docker 由以下几个部分组成。

（1）Docker Host（主机）：一个物理或虚拟的机器，用于执行 Docker 的守护进程和容器。

（2）Docker Client（客户端）：客户端通过命令行或者其他工具使用 Docker API，并与 Docker 的守护进程通信。

（3）Docker Daemon：守护进程。

（4）Docker Image（镜像）：Docker 镜像是创建 Docker 容器的模板。

（5）Docker Container（容器）：容器是独立运行的一个或一组应用。

（6）Docker Registry（仓库）：仓库用来保存镜像，可以理解为代码控制中的代码仓库。Docker Hub 提供了庞大的镜像集合供用户使用。

2.2.1　容器与虚拟机的区别

Docker 容器直接在 Linux 操作系统上运行，其速度很快，可以在秒级实现启动和停止，比传统的虚拟机快很多。Docker 容器与其他容器共享主机的内核，它是一个独立运行的进程，不占用其他任何可执行文件的内存，非常轻量。Docker 解决的核心问题是如何利用容器来实现类似虚拟机的功能，从而利用更少的硬件资源给用户提供更多的计算资源。容器除了运行其中的应用，基本上不消耗额外的系统资源，在保证应用性能的同时，减小了系统开销，这使在一台主机上同时运行数千个 Docker 容器成为可能。而虚拟机运行的是一个完整的操作系统，通过虚拟机管理程序对主机资源进行虚拟访问，相比之下需要的资源更多。Docker 与传统虚拟机架构的对比如图 2.1 所示。

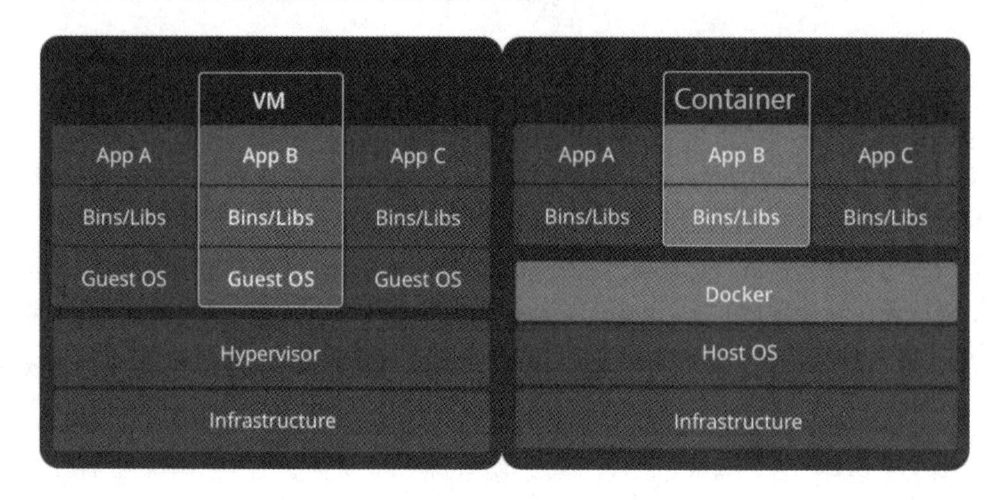

图 2.1　Docker 与传统虚拟机架构的对比

（来源：阿里云开发者社区）

容器与虚拟机之间的主要区别在于虚拟化层的位置和操作系统资源的使用方式。虚拟化会使用虚拟机监控程序模拟硬件，从而使多个操作系统并行运行。容器在本机操作系统上运行，与所有容器共享该操作系统。因此，在资源有限的情况下，想要进行密集部署的轻量级应用时，容器技术的优势就能凸显出来。与虚拟机相比，容器在运行时占用的资源更少，使用的是标准接口（启动、停止、环境变量等），并且会与应用隔离。

容器化是指在容器技术（如 Docker）上运行组件，并且很可能使用容器编排技术（如 Kubernetes）来管理这些容器。如今，大多数企业在虚拟机上运行着很大一部分资产。考虑虚拟机和容器之间的差异。虚拟机镜像包括完整的操作系统。相比之下，容器镜像假定机器上主机操作系统的大部分功能，容器镜像只需要包含额外的部分，如语言运行时的二进制文件和库，还有应用程序代码本身。显然，与虚拟机镜像相比，容器镜像占用更少的磁盘和内存空间，并且可以更快地启动和停止。糟糕的是，“轻量级容器”的想法可能会让你得出这样的结论：容器在本质上具有更好的性能。然而，这种想法很快就会导致错误的假设并错过更大的图景。

容器化的优势有以下几点。

（1）灵活：即使是最复杂的应用也可以集装箱化。

（2）轻量级：容器利用并共享主机内核。

（3）可互换：可以即时部署、更新和升级。

（4）便携式：可以在本地构建，也可以部署到云，并在任何地方运行。

（5）可扩展：可以增加并自动分发容器副本。

（6）可堆叠：可以垂直和即时堆叠服务。

容器化的优势如表 2.1 所示。

表 2.1　容器化的优势

类　别	Docker	OpenStack
部署难度	非常简单	组件多，部署复杂
启动速度	秒级	分钟级
执行性能	和物理系统几乎一致	VM 会占用一些资源
镜像体积	镜像 MB 级别	虚拟机镜像 GB 级别
管理效率	管理简单	组件相互依赖，管理复杂
隔离性	隔离性高	彻底隔离
可管理性	单进程	完整的系统管理
网络连接	比较弱	借助 Neutron 服务可以灵活组建各类网络管理

2.2.2　Docker 的技术基础——LXC

LXC 是 Linux Container 的简写，它是一种虚拟化服务，允许旋转隔离的 Linux 环境集群，可以提供轻量级的虚拟化，以便隔离进程和资源，并且不需要提供指令解释机制及全虚拟化的其他复杂性。通过减少主机上的资源负载，LXC 提供了大量优于单体虚拟机的好处，这使其成为构建、测试和部署云原生软件的理想选择。与其他操作系统级虚拟化工具不同，LXC 提供了更好的 Linux 环境。它提供了在单一可控主机节点上支持多个相互隔离的 Server Container 同时执行的机制。Linux Container 有点像 Chroot，它提供了一个拥有自己进程和网络空间的虚拟环境，但又区别于虚拟机，因为 LXC 是一种操作系统层次上的资源虚拟化。

LXC 不使用任何像管理程序那样的资源控制机制。相反，它利用了 Linux 内核直接提供的主机遏制功能。它依赖的主要组件是 Namespaces（名字空间）和 Cgroups（控制组），自 2.6.24 版本以来，它们首先被添加到内核中。Cgroups 主要提供资源限制、优先级分配、资源统计和任务控制功能。名字空间负责对其他容器隐藏一个容器的进程空间和资源信息。LXC 与其他容器化服务不同，不能运行 macOS 或 Windows 系统。这是因为 LXC 容器直接依赖主机内核。因此，如果你想运行需要这些系统之一的应用程序，应该考虑使用不同的平台，如 Docker。总的来说，LXC 最适合需要以最少的资源运行隔离的 Linux 系统的人。

与 LXC 相比，Docker 是一种较新的技术。事实上，Docker 在早期就在幕后使用了 LXC。然而，Docker 到现在已经应用了很久，并且已经实现了自己的解决方案。现在，Docker 和 LXC 之间的主要区别在于它们的设计选择。Docker 更强调构建应用程序，而 LXC 旨在提供独立的 Linux 虚拟环境。开发人员通常使用 Docker 来创建可以在新版本出现时立即丢弃的应用程序，而使用 LXC 的应用程序是持久的。进入 LXC 容器可以通过 SSH，就像进入远程 Linux 主机并管理环境一样。Docker 不允许这样做，开发人员可以使用专门的工具来管理、部署和测试。它直接使用主机系统的内核，因此不能在非 Linux 主机上运行。用户可以为其容器重建云应用程序。在构建需要长时间维护的应用程序时，通常会选择 LXC 而不是 Docker。

1．组件

LXC 由一堆单独的组件组成，包括核心 liblxc 库、一组用于控制容器的标准工具、各种分发模板及主要 API 的几种绑定语言，支持的语言包括 Python、Go、Ruby、Lua 和 Haskell。此外，还有一些硬依赖项，如果没有这些依赖项，LXC 将无法安装，如 glibc、uClibc 这样的 C 库。LXC 还要求内核版本至少为 2.6.32。

2．虚拟化类型

LXC 提供了一个名义上的操作系统环境，可用于运行特定的 Linux 应用程序或网络服务。它直接使用主机系统的内核，因此不能在非 Linux 主机上运行。用户可以从大量分发模板中为其容器进行选择，包括但不限于 Ubuntu、Fedora、Debian、Red Hat 和 CentOS。这种类型的容器的主要好处是它们允许我们隔离敏感服务。我们可以使用这种类型的虚拟化为恶意软件分析、道德黑客或需要独立主机的任务创建环境。然而，这些只是预期的目标。我们还可以运行在 Linux 主机上运行的任意服务，这与 Docker 以应用程序为中心的方法形成鲜明对比。

3．工具支持

强大的工具支持对管理云应用程序和独立服务来说至关重要。LXC 提供了一套丰富的工具，几乎与传统的 Linux 主机相同，无须安装花哨的管理工具来管理 LXC 容器，并且可以使用任何标准的 Linux 软件包，例如 SSH、iptables 和 Linux Cron Jobs，这使管理员可以轻松管理和自动化容器化服务。

4．生态系统

LXC 生态系统实际上与 Linux 的生态系统相同，这使使用 LXC 容器比使用 Docker 或 RKT 更容易。由于可以在这些容器中安装和运行所有标准的 Linux 软件包，因此易于配置和维护。

5．易用性

从 Linux 虚拟机迁移到容器化平台的主要原因之一是提高易用性，LXC 通过完全消除安装单体包的需要，在这方面领先了整整一步，不仅提高了生产力，还使工作更容易被处理。LXC 容器带有单独的 init 系统，主要负责系统配置，同时保持轻量级的资源占用状态。此外，流畅的用户体验和成熟的生态系统使 LXC 成为比传统虚拟机更好的选择。用户可以在几分钟内启动一个 LXC 容器并在其中运行喜欢的 Linux 发行版本，安装和管理 Linux 应用程序就像键入一些日常命令一样简单。

6．迁移

迁移对许多管理员来说至关重要，LXC 在这方面提供了足够的支持。将 Linux 容器从一台主机迁移到另一台主机的方法不止一种，还可以执行实时迁移。将容器迁移到不同平台的最简单方法是在目标机器上进行备份和恢复，无论是物理上进行的还是通过 SSH 远程进行的。

Docker 并不是 LXC 替代品，Docker 底层使用 LXC 来实现，LXC 将 Linux 进程沙盒化，使进程之间相互隔离，并且能够控制各进程的资源分配。在 LXC 的基础之上，Docker 提供了一系列更强大的功能。LXC 基本原理如图 2.2 所示。

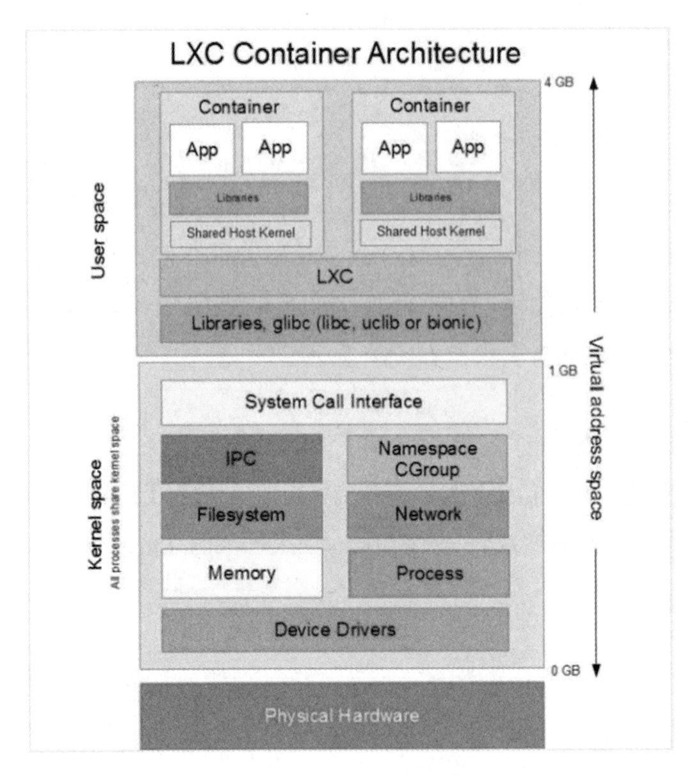

图 2.2 LXC 基本原理

（来源：阿里云开发者社区）

2.2.3 Docker 核心技术架构

Docker 是使用 Google 公司推出的 Go 语言进行开发实现的，基于 Linux 内核的 Cgroups、Namespace 及 AUFS 类的 UnionFS 等技术，对进程进行封装隔离，属于操作系统层面的虚拟化技术。最初是基于 LXC，从 Docker 0.7 版本以后开始去除 LXC，转而使用自行开发的 Libcontainer，从 Docker 1.11 版本开始，Docker 进一步使用 RunC 和 Containerd。Docker 核心技术包括名字空间（Namespaces）、控制组（Cgroups）、联合文件系统（UnionFS）、容器格式（Container Format）。Docker 核心技术架构如图 2.3 所示。

1. 名字空间

名字空间（Namespace）是 Linux 中用于分离进程树、网络接口、挂载点及进程间通信等资源的方法。Linux 主要有 7 种不同的名字空间，包括 CLONE_NEWCGROUP、CLONE_NEWIPC、CLONE_NEWNET、CLONE_NEWNS、CLONE_NEWPID、CLONE_NEWUSER 和 CLONE_NEWUTS，通过这 7 个名字空间，用户可以在创建新的进程时设置新进程应该在哪些资源上与宿主机器进行隔离。Docker 就是通过 Linux 的名字空间实现对不同容器的隔离的，名字空间保证了容器之间互不影响。

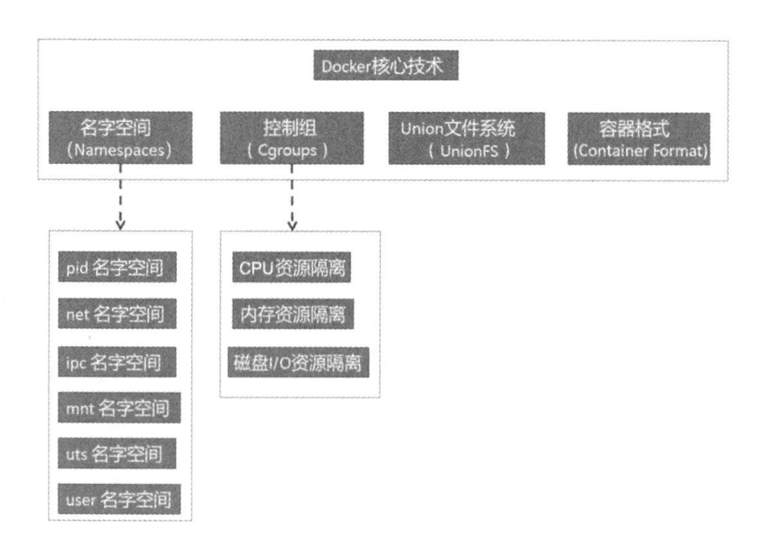

图 2.3　Docker 核心技术架构

pid 名字空间：不同用户的进程就是通过 pid 名字空间隔离的，不同的名字空间中可以有相同的 pid。所有的 LXC 进程在 Docker 中的父进程为 Docker 进程，每个 LXC 进程具有不同的名字空间。同时由于允许嵌套，因此可以很方便地实现嵌套的 Docker 容器。

net 名字空间：有了 pid 名字空间，每个名字空间中的 pid 能够相互隔离，但网络端口还是共享 host 端口的。网络隔离是通过 net 名字空间实现的，每个 net 名字空间有独立的网络设备、IP 地址、路由表、/proc/net 目录，这样，每个容器的网络就能隔离开来。Docker 默认采用 veth 的方式，将容器中的虚拟网卡和 host 上的一个 docker 网桥 docker0 连接在一起。

ipc 名字空间：容器中，进程间交互采用了 Linux 常见的进程间通信（Interprocess Communication，IPC），包括信号量、消息队列、共享内存等。与 VM 不同的是，容器的进程间交互实际上是 host 上相同 pid 名字空间中进程间的交互，因此需要在 IPC 资源申请时加入名字空间信息，每个 IPC 资源有一个唯一的 32 位 ID。

mnt 名字空间：类似于 Chroot，将一个进程放到一个特定的目录执行。mnt 名字空间允许不同名字空间的进程看到的文件结构不同，这样每个名字空间中的进程看到的文件目录就被隔离了。与 Chroot 不同，每个名字空间中的容器在/proc/mounts 的信息只包含所在名字空间的挂载点。

uts 名字空间：uts 名字空间允许每个容器拥有独立的 hostname 和 domainname，使其在网络上可以被视为一个独立的节点，而非主机上的一个进程。

user 名字空间：每个容器可以有不同的用户和组 ID，也就是说，可以使用容器内部的用户执行程序而非主机上的用户。

2. 控制组

控制组（Control groups，Cgroups）的作用是在 Linux 中限制某个或某些进程的分配资源。在 group 中，有分配好的特定比例的 CPU 时间、I/O 时间、可用内存大小等。Cgroups 是将任意进程进行分组化管理的 Linux 内核功能，最初由 Google 的工程师提出，后来被整合到 Linux 内核中。Cgroups 中的重要概念是“子系统”，也就是资源控制器，每个子系统就是一个资源控制器。Cgroups 被 Linux 内核支持，有得天独厚的性能优势，发展势头迅猛，在很多领域可以取代虚拟化技术分配资源。Cgroups 默认有很多资源组，可以限制几乎所有服务器上的资源，如 CPU、MEM、IOPS、Iobandwide、Net、Device、Access 等。

Cgroups 的四大功能如下。

（1）资源限制，可以对任务使用的资源总额进行限制。

（2）优先级分配，通过分配的 CPU 时间片数量及磁盘 I/O 带宽大小控制任务运行优先级。

（3）资源统计，可以统计系统的资源使用量，如 CPU 时长、内存使用量等。

（4）任务控制，Cgroups 可以对任务执行挂起、恢复等操作。

3. 联合文件系统

联合文件系统（UnionFS）是一种分层、轻量级、高性能的文件系统，支持将文件系统的修改作为一次提交来一层层地叠加。联合文件系统是 Docker 镜像的基础。镜像可通过分层进行继承，基于基础镜像，可以制作各种具体的应用镜像。不同 Docker 容器可以共享一些基础的文件系统层，再加上自己独有的改动层，大大提高了存储的效率。Docker 中使用的 AUFS（Another UnionFS）就是一种联合文件系统。AUFS 支持为每一个成员设定只读、读写和写出权限。对只读权限的分支可以逻辑上进行增量地修改（不影响只读部分的），Docker 容器的文件系统如图 2.4 所示。

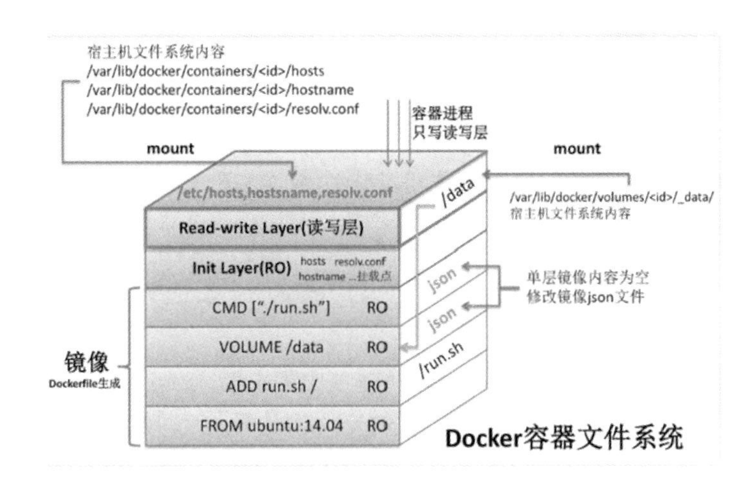

图 2.4　Docker 容器的文件系统

（来源：阿里云开发者社区）

2.2.4　Docker 的优势

与传统的虚拟化方式相比，Docker 主要有以下几方面的优势。

1．更高效的利用系统资源

Docker 对系统资源的利用率很高，一台主机上可以同时运行数千个 Docker 容器。除了运行其中的应用，容器基本不消耗额外的系统资源，使应用的性能很高，同时系统的开销尽量小。

2．更快速的交付和部署

Docker 在整个开发周期都可以完美地辅助开发者实现快速交付。Docker 允许开发者在装有应用和服务的本地容器进行开发，可以直接集成到可持续开发流程中。例如，开发者可以使用一个标准的镜像来构建一套开发容器，开发完成之后，运维人员可以直接使用这个容器来部署代码。Docker 可以快速创建容器，快速迭代应用程序，并使整个过程全程可见，使团队中的其他成员更容易理解应用程序是如何创建和工作的。Docker 容器很轻、很快，容器的启动时间是秒级的，大量地节约开发、测试、部署的时间。

3．更高效的部署和扩容

Docker 容器几乎可以在任意平台上运行，包括物理机、虚拟机、公有云、私有云等，这种兼容性非常方便用户把一个应用程序从一个平台直接迁移到另外一个平台。Docker 的兼容性和轻量特性可以很轻松地实现负载动态管理，可以快速扩容，方便下线应用和服务。

4．更简单的管理

使用 Docker 通常只需要很小的改变就可以替代以往大量的更新工作。所有的修改都是以增量的方式被分发和更新的，从而实现自动化且高效的管理。

2.2.5 Docker 的应用场景

1．应用交付

Docker 技术为应用交付领域带来的最大的变化就是开发环境的一致性。传统的开发方式需要开发者在本地进行开发，但是本地的开发环境和远端的测试环境与正式环境存在差异，所以每次开发完成后都需要反复比对环境的差异，包括操作系统及操作系统中的依赖软件包是否齐全，非常麻烦。

但是使用 Docker 镜像可以先将所有的环境依赖打包到镜像中，然后通过镜像来传输，这样会更加高效。试想下面几种场景：开发者在本地编写代码进行开发，然后通过 Docker 镜像与其他协作者共享；使用 Docker 技术将应用推送到测试环境，自动触发自动化测试用例；当开发者发现应用程序的 Bug 时，可以先在本地开发环境中进行修复，修复完之后再将应用重新部署到测试环境中进行测试验证；当测试完成之后，需要给用户的环境升级，只要把修复完的应用镜像推送到用户可以访问的镜像中心即可。

2．多版本混合部署

随着产品的更新换代，一台服务器上部署同一个应用的多个版本在企业内部非常常见。但在一台服务器上部署同一个软件的多个版本时，文件路径、端口等资源往往会发生冲突，造成多个版本无法共存的问题。

如果使用 Docker，这个问题将非常简单。由于每个容器都有自己独立的文件系统，所以根本不存在文件路径冲突的问题；对于端口冲突的问题，只需要在启动容器时指定不同的端口映射就可以解决。

3．内部开发测试环境

传统的开发测试环境都是由运维人员进行专门的环境配置搭建出来的，而且需要运维人员进行维护。如果测试环境出现问题，恢复起来也很麻烦。

借助 Docker 技术，我们先将应用程序需要的依赖固化到 Docker 镜像中，然后在对应的 Docker 容器中进行开发测试。如果测试环境出现问题，只要将当前容器删除并重新启动即可恢复。使用 Docker 镜像维护内部开发测试环境还有另一个好处就是 DevOps。传统的应用开发部署要跨两个团队，开发团队负责开发，运维团队负责部署，一旦涉及跨团队合作就要涉及沟通成本。开发团队作为应用的所有者，对应用的依赖环境更加熟悉。通过 Docker 技术，开发人员在开发应用的过程中就将这些依赖固化到镜像中。在环境部署环节，即使需要运维人员参与，也只负责拉起 Docker，整个过程会更加高效。

2.3　Docker 容器的系统架构

2.3.1　Docker 的架构

Docker 使用客户端/服务器（C/S）架构模式，使用远程 API 来管理和创建 Docker 容器。Docker 客户端只需向 Docker 服务器或守护进程发出请求，服务器或守护进程将完成所有工作并返回结果。Docker 提供了一个命令行工具及一整套 RESTful API 进行通信，可以在同一台宿主机上运行 Docker 守护进程和客户端，也可以将本地的 Docker 客户端连接到运行在另一台宿主机上的远程 Docker 守护进程。Docker 架构如图 2.5 所示。

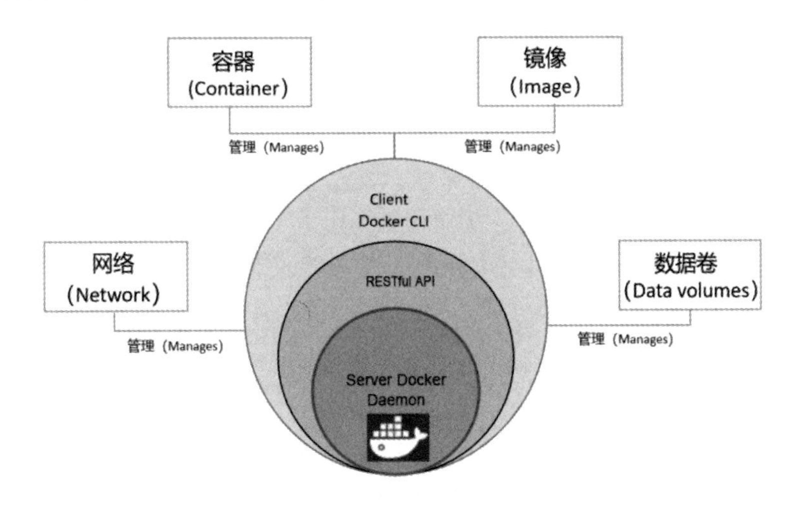

图 2.5　Docker 架构

2.3.2　Docker 的组件

一个完整的 Docker 组件由 Docker 主机、Docker 客户端、Docker 守护进程、Docker 镜像、Docker 容器、Docker 仓库组成。

Docker 的组件如图 2.6 所示。

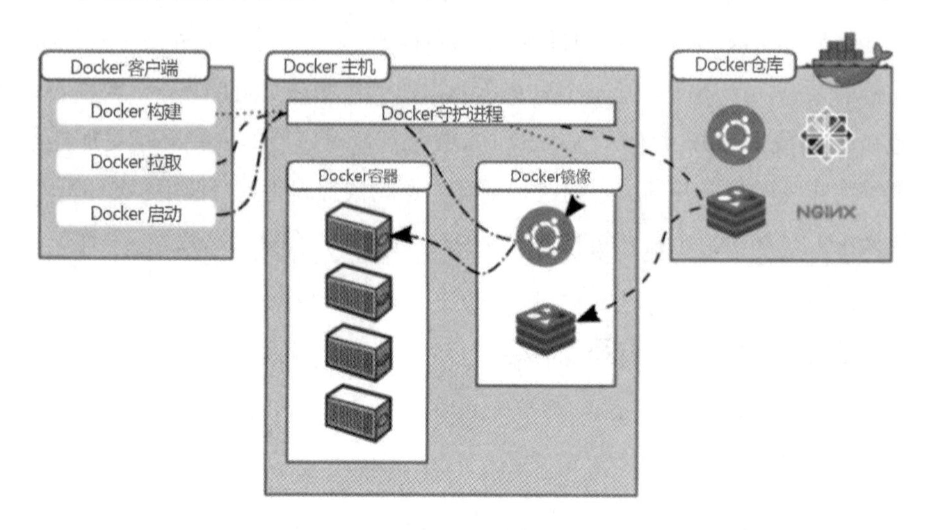

图 2.6　Docker 的组件

（来源：阿里云开发者社区）

1．Docker 镜像

Docker 镜像就是一个 Linux 的文件系统，这个文件系统里面包含可以运行在 Linux 内核的程序及相应的数据。Docker 镜像是一个只读模板，用于创建 Docker 容器，由 Dockerfile 文本描述镜像的内容。

Docker 镜像具有以下特征。

（1）镜像是分层（Layer）的。一个镜像可以由多个中间层组成，多个镜像可以共享同一个中间层，也可以通过在镜像中添加一层来生成新的镜像。

（2）镜像是只读的。镜像在构建完成之后，不可以再修改，而上面所说的添加一层构建新的镜像，实际上是通过创建一个临时的容器，在容器上增加或删除文件，从而形成新的镜像，因为容器是可以动态改变的。

构建一个镜像实际上就是安装、配置和运行的过程。Docker 镜像基于 UnionFS 把以上过程分层存储，这样更新镜像可以只更新变化的层。Docker 镜像的生成方法如下。

（1）可以从无到有开始创建镜像。

（2）可以下载并使用别人创建好的镜像。

（3）可以在现有镜像上创建新的镜像。

Docker Hub 提供了很多镜像，但在实际工作中，Docker Hub 中的镜像并不能满足工作的需要，用户往往需要构建自定义镜像。构建自定义镜像主要有 Docker Commit 和 Dockerfile 两种方式。构建自定义镜像的方式如图 2.7 所示。

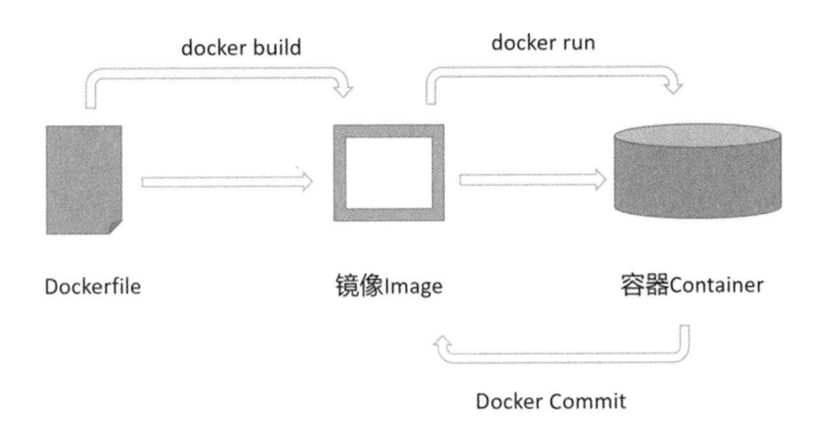

图 2.7 构建自定义镜像的方式

Docker Commit 可以视为在以往版本控制系统里提交变更，然后进行变更的提交。Docker Commit、Docker Export 和 Docker Add 都可以输出镜像，但是最好的生成镜像的方法还是使用 Dockerfile。Dockerfile 是由一系列命令和参数构成的脚本，这些命令应用于基础镜像并最终创建一个新的镜像，它们简化了从头到尾的流程并极大地简化了部署工作。Dockerfile 从 FROM 指令开始，紧接着跟随各种方法、命令和参数，Dockerfile 的产出是一个新的可以用于创建容器的镜像。

2．Docker 容器

Docker 容器是一个镜像的运行实例，容器与镜像之间的关系就如同面向对象编程中对象与类之间的关系，因为容器是通过镜像来创建的，所以必须先有镜像才能创建容器，而生成的容器是一个独立于宿主机的隔离进程，并且有属于容器自己的网络和名字空间。容器可以被启动、开始、停止和删除。每个容器都是相互隔离的保证安全的平台。Docker 容器由应用程序本身和依赖两部分组成。容器在宿主机操作系统的用户空间中运行，与操作系统的其他进程隔离，这一点显著区别于虚拟机。通过镜像创建容器如图 2.8 所示。

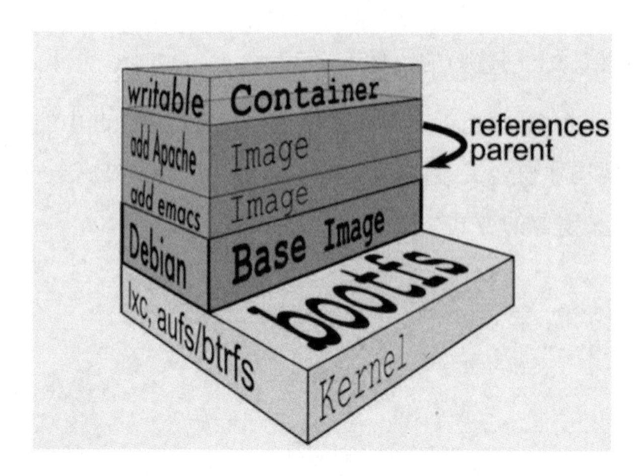

图 2.8 通过镜像创建容器

（来源：阿里云开发者社区）

3. Docker 仓库

Docker 仓库是 Docker 镜像库，是用来集中存放镜像文件的场所。Docker Registry 也是一个容器，往往存放着多个仓库，每个仓库中又包含了多个镜像，每个镜像有不同的标签（Tag）。Docker Hub 是 Docker 公司提供的互联网公共镜像仓库，用户可以在其中找到需要的镜像，也可以把私有镜像推送上去。但是，在生产环境中，往往需要拥有一个私有的镜像仓库来管理镜像，开源软件 Registry 可以实现这个目标。Registry 在 Github 上有两份代码：老代码库和新代码库。老代码库采用 Python 语言编写，存在 pull 和 push 镜像的性能问题，在 0.9.1 版本之后就标志为 deprecated，意为不再继续开发。从 2.0 版本开始，Registry 就在新代码库进行开发，新代码库采用 Go 语言编写，修改了镜像 ID 的生成算法、Registry 上镜像的保存结构，大大优化了 pull 和 push 镜像的效率。Docker 仓库如图 2.9 所示。

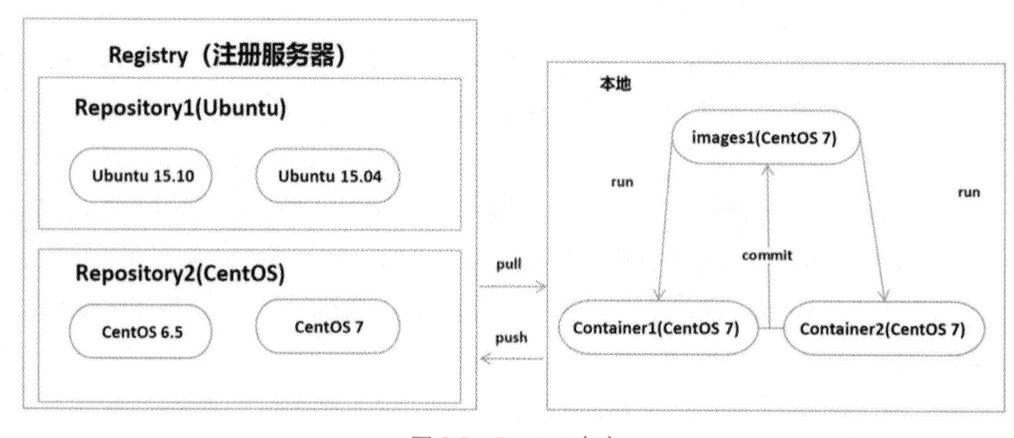

图 2.9 Docker 仓库

2.4　Docker 版本情况

2013 年 3 月，Docker 公司开始推出 Docker 0.1.0 版本，到 2017 年 2 月 Docker 1.13 版本都采用 x.x 的形式。后来为专注于 Docker 的商业业务，Docker 公司将 Docker 项目改名为 Moby，交给社区维护，将 Docker 拆分为 Docker-CE 免费版和 Docker-EE 商业版，由 Docker 公司维护。Moby 更名后成为由社区维护的开源项目。Moby 提供许多标准组件，能够让用户使用提供的框架和工具定制容器系统，任何公司或个人都可以基于 Moby 构建自己的容器产品。Moby 与 Docker 如图 2.10 所示。

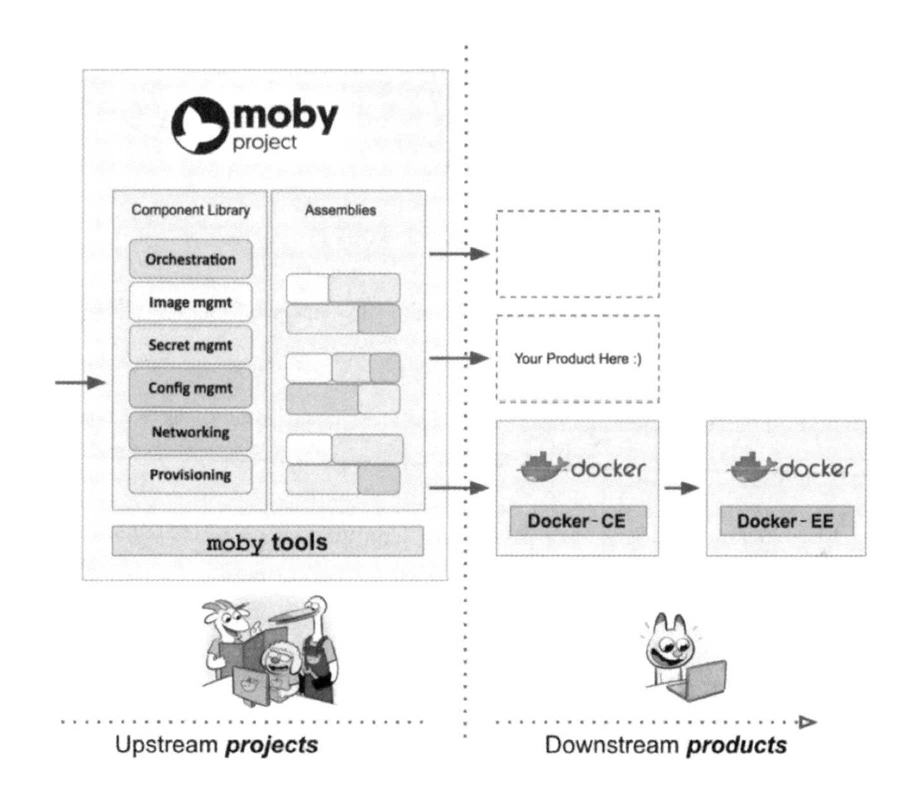

图 2.10　Moby 与 Docker

（来源：CSDN）

Docker Community Edition（CE）社区版是免费的 Docker 产品的新名称，Docker-CE 免费版包含了完整的 Docker 平台，非常适合开发人员和运维团队构建容器 App。Docker Enterprise Edition（EE）商业版由 Docker 公司支持，可以在经过认证的操作系统和云提供商中使用，并且可以运行来自 Docker Store 的经过认证的容器和插件，提供 Basic、Standard、Advanced 三个服务层次。

2.5　Docker Engine

Docker Engine 是基于客户端/服务器架构的应用程序，是用于构建和容器化应用的开源容器技术，可以用于 Linux 或 Windows 操作系统。Docker Engine 的组件如图 2.11 所示。

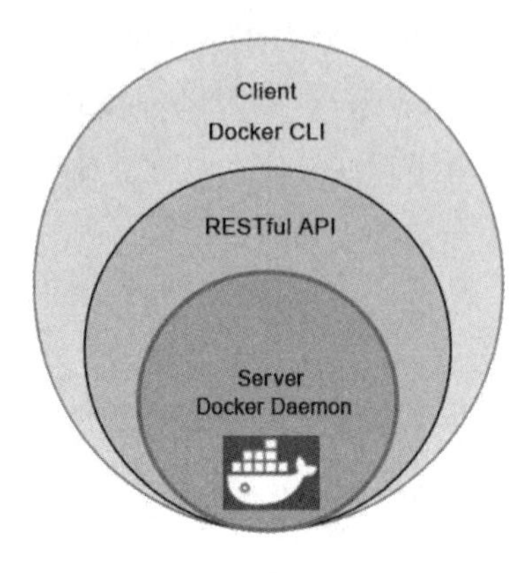

图 2.11　Docker Engine 的组件

Docker Daemon：Docker 守护进程，属于 C/S 中的 Server。Docker 守护进程可以用于创建和管理 Docker 对象，比如镜像、容器等。

Docker RESTful API：Docker Daemon 向外暴露的 RESTful 接口，便于编程操作 Docker 平台和容器。

Docker CLI：Docker 向外暴露的命令行接口（Command Line API），可以通过命令或脚本使用 Docker 的 RESTful API 接口控制 Docker 守护进程或与 Docker 守护进程进行交互。

2.6　Docker 主机安装环境准备

Linux 是 Docker 原生支持的操作系统。Docker 支持几乎所有的 Linux 发行版本，但是使用最多的还是 Ubuntu 和 CentOS。考虑国内用户更倾向于使用 CentOS，本书以 CentOS 7 操作系统为例讲解 Docker 的安装和使用。用于安装 Docker-CE 的 CentOS 操作系统应当是一个维护版本的 CentOS 7，所用的安装包为 CentOS-7-x86_64-DVD-1908.iso，读者可从 CentOS 官网下载。由于 CentOS 每半年最新一个版本，读者可以选择更新的版本。为了方便实验，这里建议使用虚拟机。本节的实验平台是在安装 Windows 操作系统的计算机中通过 VMware Workstation 创建的一台运行 CentOS 7 操作系统的虚拟机。

2.6.1　准备任务环境

本小节在虚拟化环境中完成。读者可以使用 VMware WorkStation 或 VirtualBox 等基于 PC 的虚拟化软件，也可以使用 VMware vSphere 云平台或其他云平台。本书所有实训任务均采用 VMware WorkStation 12.0 及以上版本的虚拟化平台实现。虚拟机的内存容量建议至少 2GB，硬盘容量不低于 60GB，网卡以 NAT 模式接入宿主机网络，创建虚拟机的具体过程不再详细描述。安装 VMware Workstation，如图 2.12 所示。

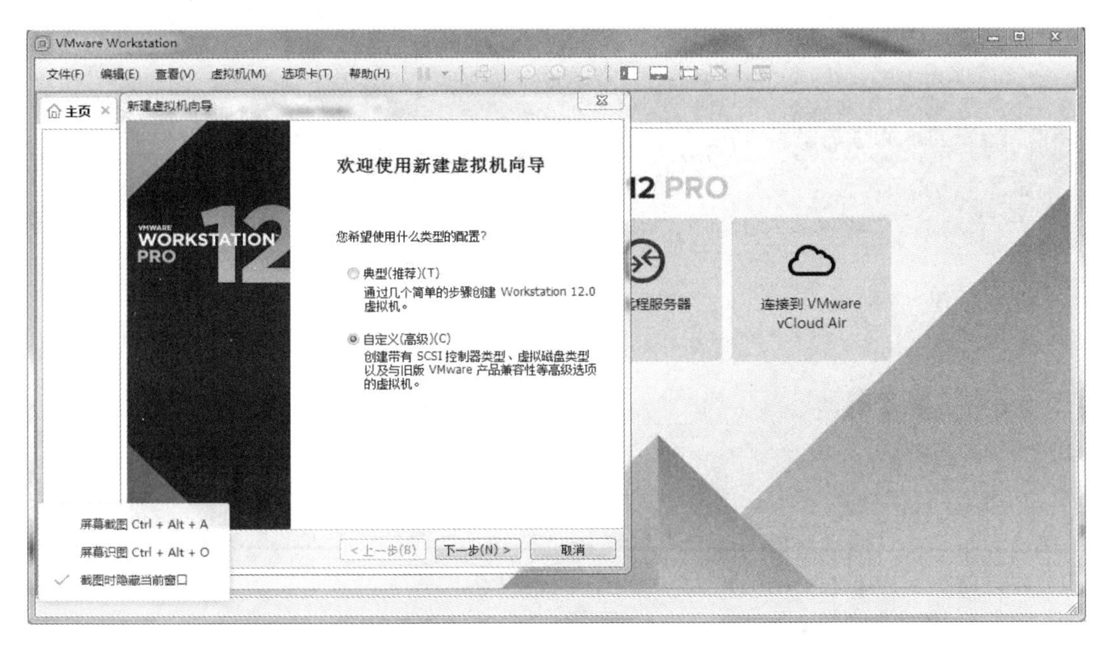

图 2.12　安装 VMware Workstation

2.6.2　安装操作系统

Docker 最低支持 CentOS 7，并需要安装在 64 位平台中，本节使用 CentOS-7-x86_64-DVD-1908.iso 镜像，镜像可以从 CentOS 官方网站上获取，也可直接使用课程提供的资源。最小化安装可以最大限度地提升系统性能，但用户需要自行安装所需的软件。在安装过程中选择默认语言，即英语。建议安装带图形用户界面 GUI 的服务器版本。安装选项包括选择英语美式键盘、本地安装源、最小化安装、安装后重启系统等。为了简化操作，初学者可以直接以 root 身份登录系统。如果以普通用户身份登录系统，执行系统配置和管理操作时需要使用 sudo 命令。在虚拟机中安装 CentOS 操作系统如图 2.13 所示。

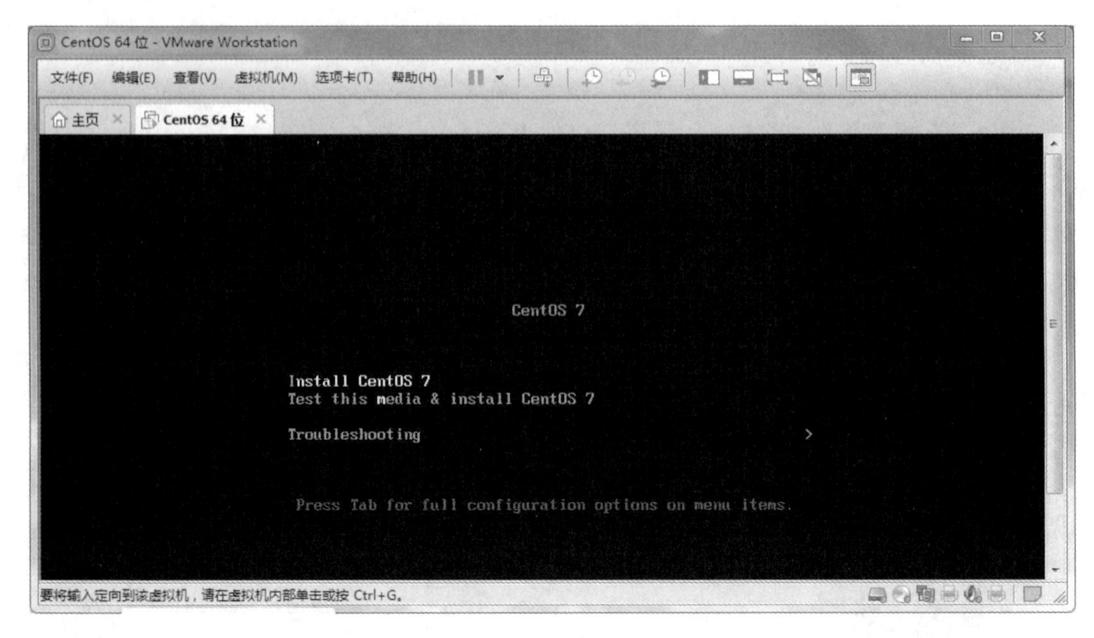

图 2.13　在虚拟机中安装 CentOS 操作系统

2.6.3　配置网络

在虚拟化环境中，为了使虚拟机可以访问公网，需要将虚拟网络设置为 NAT 模式，同时根据虚拟化软件的虚拟网络配置来设置私网地址。若虚拟化软件的域名解析未配置，还需要在虚拟机中设置 DNS 地址。在使用 Docker 集群时，各节点要事先进行网络规划，特别是 IP 地址的规划。

修改网卡配置文件，重启网络。IP 地址的规划如下。

master：192.168.247.99

node1：192.168.247.101，node2：192.168.247.102

配置过程如下：

```
[root@localhost ~]# vi /etc/sysconfig/network-scripts/ifcfg-ens33
scripts/ifcfg-ens33
TYPE=Ethernet
BOOTPROTO=static
NAME=ens33
DEVICE=ens33
ONBOOT=yes
IPADDR=192.168.247.99
NETMASK=255.255.255.0
```

```
GATEWAY=192.168.247.254
DNS1=202.96.128.166
[root@localhost ~]# systemctl restart network
[root@localhost ~]#
```

2.6.4　更改系统配置

在使用 Docker 集群时，经常使用 hostname 相互访问，因此需要事先做好 hostname 规划并进行设置。一般会采用 SSH 远程访问的方式操作 Docker 集群中的主机，Linux 安装时已经包含了 SSH，因此只需要设置 SSH 启动和开机自启动。本任务需要配置 3 台 Docker 主机，master 为控制节点并能连接公网，同时配置服务器 node1、node2 为 Docker 主机。配置过程如下：

```
[root@localhost ~]# hostnamectl set-hostname master
[root@localhost ~]# hostname master
[root@master ~]# vi /etc/hosts
192.168.247.99   master
192.168.247.101  node1
192.168.247.102  node2
[root@master ~]# systemctl start sshd
[root@master ~]# systemctl enable sshd
```

2.6.5　关闭防火墙和 SELinux 服务

防火墙和 SELinux 服务（Linux 强制访问控制功能）需要经过仔细的配置，才能保证系统的正常使用。在生产环境中，防火墙和 SELinux 服务需要严格配置以保证系统安全。本任务直接关闭 SELinux 服务，清空 iptables 并保存，停止 firewalld 并取消开机自启动。配置过程如下：

```
[root@master ~]# iptables -F
[root@master ~]# iptables -X
[root@master ~]# iptables -Z
[root@master ~]# iptables-save
[root@master ~]# systemctl stop firewalld
[root@master ~]# systemctl disable firewalld
[root@master ~]# setenforce 0
```

2.6.6　打开内核转发功能

Docker 主机需要使用网桥的相关功能，因此需要添加内核配置参数，打开内核转发功能。编辑/etc/sysctl.conf 文件：启用 IP 包转发功能；禁止默认数据包源地址校验；禁止所有数据包源地址校验。使用 sysctl -p 命令从/etc/sysctl.conf 文件中加载系统参数。配置过程如下：

```
[root@master ~]# vi  /etc/sysctl.conf
net.ipv4.ip_forward = 1
net.ipv4.conf.default.rp_filter = 0
net.ipv4.conf.all.rp_filter = 0
[root@master ~]#
[root@master ~]# sysctl  -p
net.ipv4.ip_forward = 1
net.ipv4.conf.default.rp_filter = 0
net.ipv4.conf.all.rp_filter = 0
[root@master ~]#
```

2.6.7 配置 yum 源

为了安装必要软件，需要配置 yum 源。在下载的安装光盘中，并不包含所有的可用软件，所以还需要配置网络镜像安装源。清除原有的 yum 缓存，并根据新的 repo 文件生成新的 yum 缓存，保证 yum 源可用。删除/etc/yum.repos.d/目录下的所有文件。新建 centos-base.repo 文件，配置[cdrom]和[centos-mirror]两个安装源。/mnt/cdrom/为安装光盘的挂载点。网络安装源的地址可以使用 http://mirror.centos.org/centos/7/extras/x86_64/。配置过程如下：

```
[root@master yum.repos.d]# pwd
/etc/yum.repos.d
[root@master yum.repos.d]# vi centos-base.repo
[cdrom]
name=local cdrom
baseurl=file:///mnt/cdrom
gpgcheck=0
[centos-mirror]
name=mirror.centos.org
baseurl=http://mirror.centos.org/centos/7/extras/x86_64/
gpgcheck=0
```

安装光盘挂载也可直接写到/etc/fstab 文件中，实现开机自动挂载，写入/dev/cdrom /mnt/cdrom iso9660 defaults 0 0。此时，将该虚拟机克隆，并作为后续节点的虚拟机模板。配置过程如下：

```
[root@master yum.repos.d]# mkdir -p /mnt/cdrom
[root@master yum.repos.d]# mount  /dev/sr0  /mnt/cdrom/
mount: /dev/sr0 is write-protected, mounting read-only
```

```
[root@master yum.repos.d]# yum clean all
Loaded plugins: fastestmirror
Cleaning repos: cdrom centos-mirror
[root@master yum.repos.d]# yum makecache
Loaded plugins: fastestmirror
Determining fastest mirrors
cdrom                              | 3.6 kB     00:00
centos-mirror                      | 2.9 kB     00:00
(1/7): cdrom/group_gz              | 165 kB   00:00
......
(7/7): centos-mirror/other_db  | 100 kB   00:05
Metadata Cache Created
```

2.6.8　安装基本软件

由于是最小化安装 Linux 的，很多必要的工具和服务器软件需要用户自行安装，包括 net-tools、yum-utils、createrepo、httpd、vim、wget、elinks 等。安装过程如下：

```
[root@master ~]# yum install -y net-tools yum-utils createrepo httpd vim elinks
Loaded plugins: fastestmirror
Loading mirror speeds from cached hostfile
......
Complete!
[root@master ~]#
```

其中，net-tools 是 Linux 的网络工具包，包括 ifconfig 等命令；yum-utils 是 yum 工具包，包括 yum-config-manager 等命令。createrepo 是创建 yum 原的命令。httpd 是 Apache 超文本传输协议（HTTP）服务器的主程序。vim 是可视化编辑器增强版。wget 是从网络上自动下载文件的工具。elinks 是 Linux 的文本浏览器。

2.6.9　配置 Docker 安装源

因为需要从 Docker 官网上下载最新的 Docker 版本，所以需要配置 Docker 网络安装源。国内使用官网安装源可能存在速度较慢的问题，因此可以配置国内镜像安装源。使用 yum-config-manager 命令配置安装源，并查看可以安装的版本。配置过程如下：

```
[root@master ~]# yum-config-manager --add-repo
https://download.docker.com/linux/centos/docker-ce.repo
Loaded plugins: fastestmirror
adding repo from: https://download.docker.com/linux/centos/docker-ce.repo
```

```
......
repo saved to /etc/yum.repos.d/docker-ce.repo
[root@master ~]#
[root@master ~]# yum list docker-ce --showduplicates  |  sort  -r
Loading mirror speeds from cached hostfile
Loaded plugins: fastestmirror
docker-ce.x86_64 3:19.03.4-3.el7 docker-ce-stable
......
```

2.6.10 下载并制作 Docker 安装包

下载并制作 Docker 安装包可以构建私有的 Docker 安装环境，以避免开发环境不必要的接触公网。下载过程中要确保正确下载所有软件包。

使用 yumdownloader 命令将 Docker-CE 及其依赖包下载到指定目录（/docker-ce）。使用 createrepo 命令生成 Docker-CE 的 yum 源。配置过程如下：

```
[root@master ~]# mkdir  /docker-ce
[root@master ~]# yumdownloader  --resolve  --destdir=/docker-ce docker-ce -y
Loaded plugins: fastestmirror
Loading mirror speeds from cached hostfile
--> Running transaction check
......
(12/12): docker-ce-cli-19.03.4-3.el7.x86_64.rpm          |  39 MB   00:05
[root@master ~]# createrepo  /docker-ce
Spawning worker 0 with 6 pkgs
......
Sqlite DBs complete
[root@master ~]#
```

2.6.11 搭建基于 httpd 的 Docker 服务器

在 master 节点启动 httpd 服务，并将 Docker-CE 的安装源移动到 Docker 服务器的网站根目录下。在其他主机上通过 HTTP 访问 master 节点即可安装 Docker。其他主机的 repo 文件需要将 master 设置为安装源。将 Docker-CE 的安装源移动到 Docker 服务器的网站根目录（/var/www/hmtl/）下。启动 httpd 服务，设置开机自启动，并检查是否正确。配置完成后，可以使用浏览器访问 Docker 服务器。配置过程如下：

```
[root@master ~]# mv  /docker-ce/  /var/www/html/
[root@master ~]# systemctl start httpd
```

```
[root@master ~]# systemctl enable httpd
Created symlink from /etc/systemd/system/multi-user.target.wants/httpd.service to
/usr/lib/systemd/system/httpd.service.
[root@master ~]#
```

2.7　安装 Docker-CE

2.7.1　准备 Docker 主机（node1）

以 2.6 节中克隆的 CentOS 7 虚拟机为模板，克隆虚拟机 node1，该虚拟机（node1）已经完成了操作系统的安装、网络配置（需更改 IP 地址）、系统配置（需更改 hostname）、SSH 配置、关闭防火墙和 SELinux 服务、打开内核转发功能、CentOS 安装源配置（需修改）。选择完全克隆方式，根据向导按步骤完成虚拟机的克隆。克隆虚拟机 node1 如图 2.14 所示。

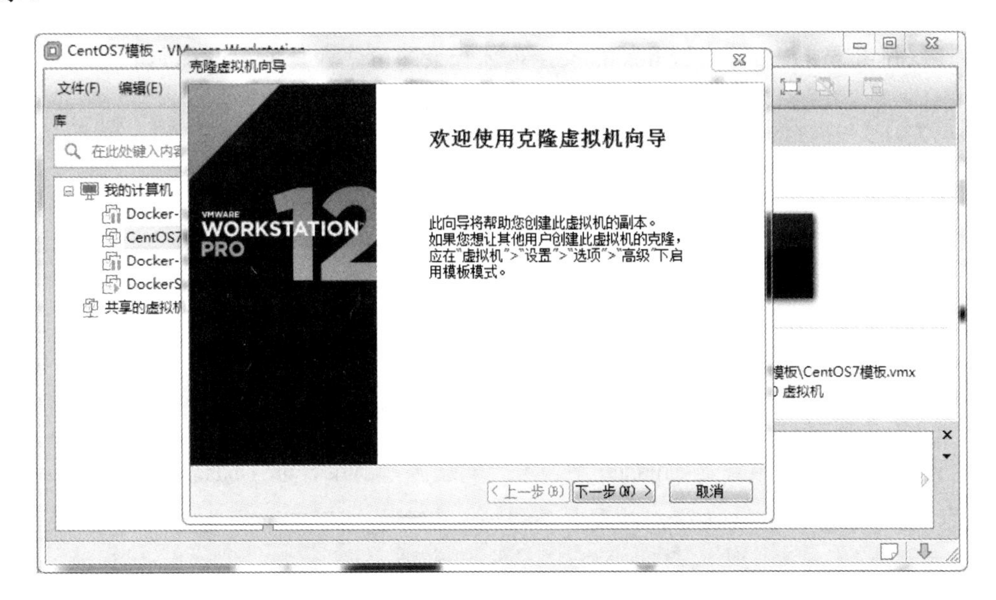

图 2.14　克隆虚拟机 node1

2.7.2　在 node1 上配置网络

node1 在私网中运行，需要根据 IP 地址规划和设置私网地址。不同的虚拟化软件对虚拟网络的处理方式不同，需要根据不同的虚拟化软件进行不同的设置，保证 master 可以访问公网，node1、node2 在私网中运行。修改网卡配置文件，包括修改 IP 地址、删除 DNS

设置，并重启网络。配置过程如下：

```
[root@localhost ~]# vi /etc/sysconfig/network-scripts/ifcfg-ens33
TYPE=Ethernet
BOOTPROTO=static
NAME=ens33
DEVICE=ens33
ONBOOT=yes
IPADDR=192.168.247.101
NETMASK=255.255.255.0
GATEWAY=192.168.247.254
[root@localhost ~]# systemctl restart network
[root@localhost ~]#
```

2.7.3 在 node1 上更改系统配置

根据事先做好的 hostname 规划进行设置，将本虚拟机的名字设置为 node1。

使用 hostnamectl 命令设置 hostname，重新登录即可生效。配置过程如下：

```
[root@localhost ~]# hostnamectl set-hostname node1
[root@localhost ~]# hostname node1
[root@localhost ~]#
```

2.7.4 在 node1 上配置 Docker 安装源

node1 节点需要通过 Docker 服务器（master 节点）安装 Docker 软件，因此需要配置私有的 Docker 服务器为安装源，同时保留光盘镜像为本地的 CentOS 安装源。

配置私有 Docker 服务器（master 节点）为安装源，删除 centos-base.repo 中的网络镜像安装源，清除原有的 yum 缓存，并根据新的 repo 文件生成新的 yum 缓存，保证 yum 源可用。配置过程如下：

```
[root@node1 yum.repos.d]# vi  docker.repo
[docker]
name=docker install repo
baseurl=http://192.168.247.99/docker-ce
gpgcheck=0
[root@node1 yum.repos.d]# vi centos-base.repo
[cdrom]
name=local cdrom
baseurl=file:///mnt/cdrom
```

```
gpgcheck=0
[root@node1 yum.repos.d]# yum clean all
......
[root@node1 yum.repos.d]# yum makecache
......
Metadata Cache Created
```

2.7.5　在 node1 上安装基本软件

安装 net-tools、vim、elinks 等必要软件。其中，net-tools 是 Linux 的网络工具包，包括 ifconfig 等命令。vim 是可视化编辑器增强版。elinks 是 Linux 中的文本浏览器。配置过程如下：

```
[root@localhost ~]# yum install -y net-tools vim elinks
Loaded plugins: fastestmirror
Loading mirror speeds from cached hostfile
......
Complete!
[root@localhost ~]#
```

2.7.6　在 node1 上安装 Docker-CE

Docker 有 Docker-CE 和 Docker-EE 两个版本。Docker-CE 是社区版本，适合刚刚开始使用 Docker 和开发基于 Docker 应用的应用开发者或小型团队。Docker-EE 是企业版，适用于企业级开发，也适用于开发、分发和运行商务级别应用的 IT 团队。

安装 Docker-CE。在老版本的 Docker 中，需要安装的是 docker-engine 或 docker-io。使用完整功能需要还安装 docker-ce-cli 和 containerd.io。配置过程如下：

```
[root@node1 ~]# yum install docker-ce -y
Loaded plugins: fastestmirror
Loading mirror speeds from cached hostfile
Resolving Dependencies
......
Complete!
[root@node1 ~]#
```

2.7.7　在 node1 上启动 Docker 并验证版本

启动 Docker，验证是否安装成功，并查看 Docker 的版本、提供的 API 的版本、使用的 Go 语言的版本等信息。使用 systemctl 命令启动 Docker，并将 Docker 设置为开机自启动。使用 docker version 命令查看 Docker 的版本信息。配置过程如下：

```
[root@node1 ~]# systemctl start docker
[root@node1 ~]# systemctl enable docker
Created symlink from /etc/systemd/system/multi-user.target.wants/docker.service to
/usr/lib/systemd/system/docker.service.
[root@node1 ~]# docker version
Client: Docker Engine - Community
 Version:           19.03.4
 API version:       1.40
 Go version:        go1.12.10
......
 docker-init:
  Version:          0.18.0
  GitCommit:        fec3683
[root@node1 ~]#
```

2.7.8 在 master 上安装 Docker-CE

使用私网 Docker 服务器，在 master 节点安装 Docker-CE，注意保证各节点 Docker 版本的一致性。将利用私网 Docker 服务器安装的 repo 文件通过 scp 命令传给 master 节点。在 master 节点异地备份原有的 docker-ce.repo 文件，重新制作安装源缓存。配置过程如下：

```
[root@node1 ~]# scp  /etc/yum.repos.d/docker.repo  master:/etc/yum.repos.d/
......
docker.repo          100%   85   19.6KB/s   00:00
[root@node1 ~]#
------------------------------------------
[root@master yum.repos.d]# mkdir backup
[root@master yum.repos.d]# mv docker-ce.repo  backup/
[root@master yum.repos.d]# yum clean all
......
[root@master yum.repos.d]# yum install docker-ce -y
......
Complete!
[root@master yum.repos.d]#
```

2.8　第一次使用 Docker

2.8.1　创建第一个镜像

1．准备 CentOS 7 镜像安装包

该任务在其他可以使用图形界面浏览器的计算机上完成，访问 CentOS 和 Docker Hub 的官方网站。获取 CentOS 7 镜像安装包可以访问 CentOS 官网，进入“Get CentOS Now”页面，单击“Docker registry”链接。CentOS 官网如图 2.15 所示。

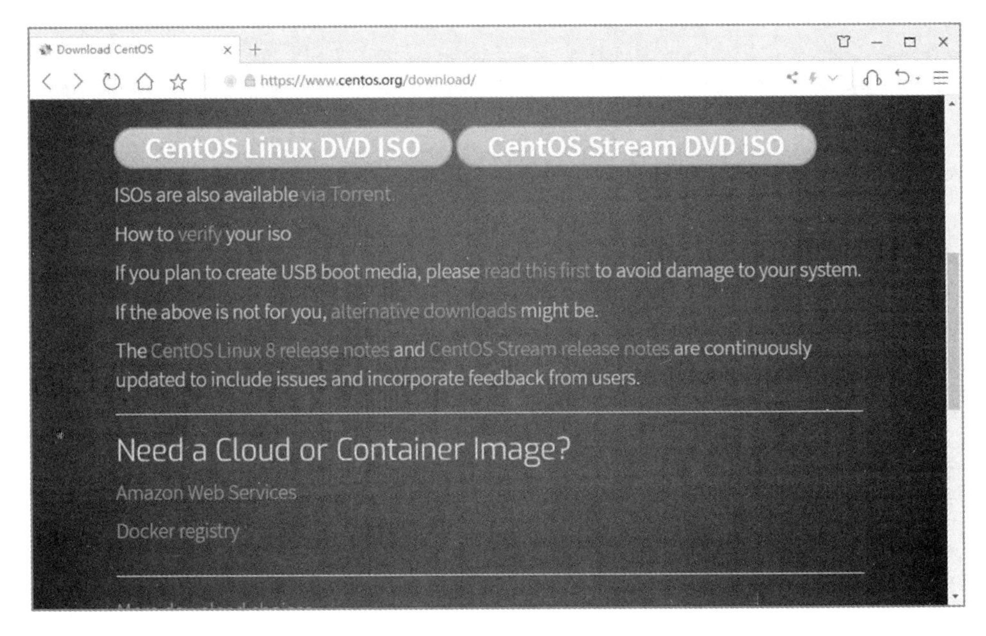

图 2.15　CentOS 官网

跳转到 Docker Hub 网站的 CentOS 镜像页面，选择要下载的 CentOS 7 版本，如图 2.16 所示。

在 CentOS 7 信息页面中查看 Dockerfile 的基本编写方式，单击“Find file”按钮进入下载页面，如图 2.17 所示。

单击“docker/centos-7-x86_64-docker.tar.xz”链接下载并保存镜像安装包，如图 2.18 所示。

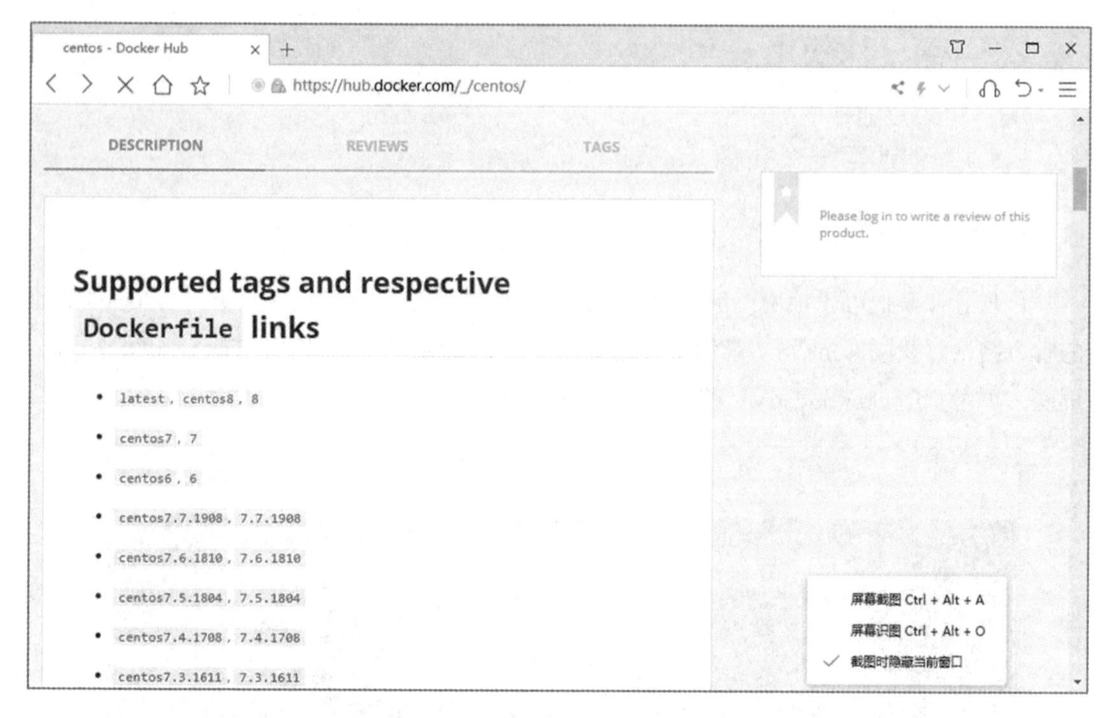

图 2.16　选择要下载的 CentOS 7 版本

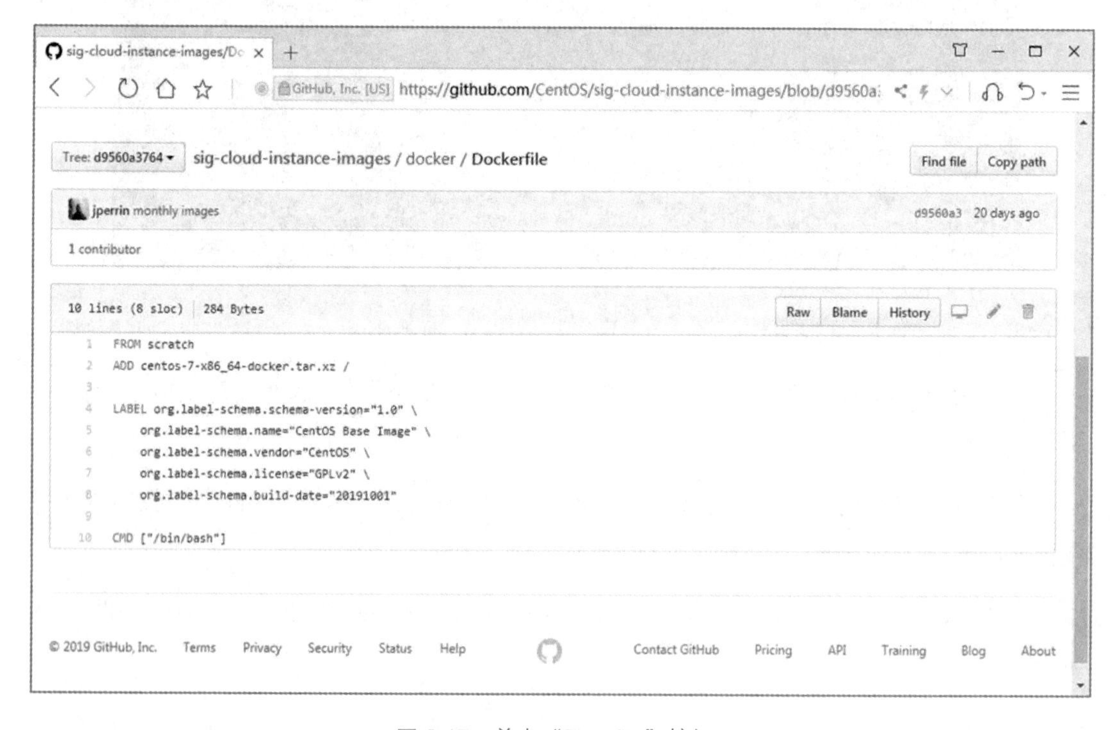

图 2.17　单击“Find file”按钮

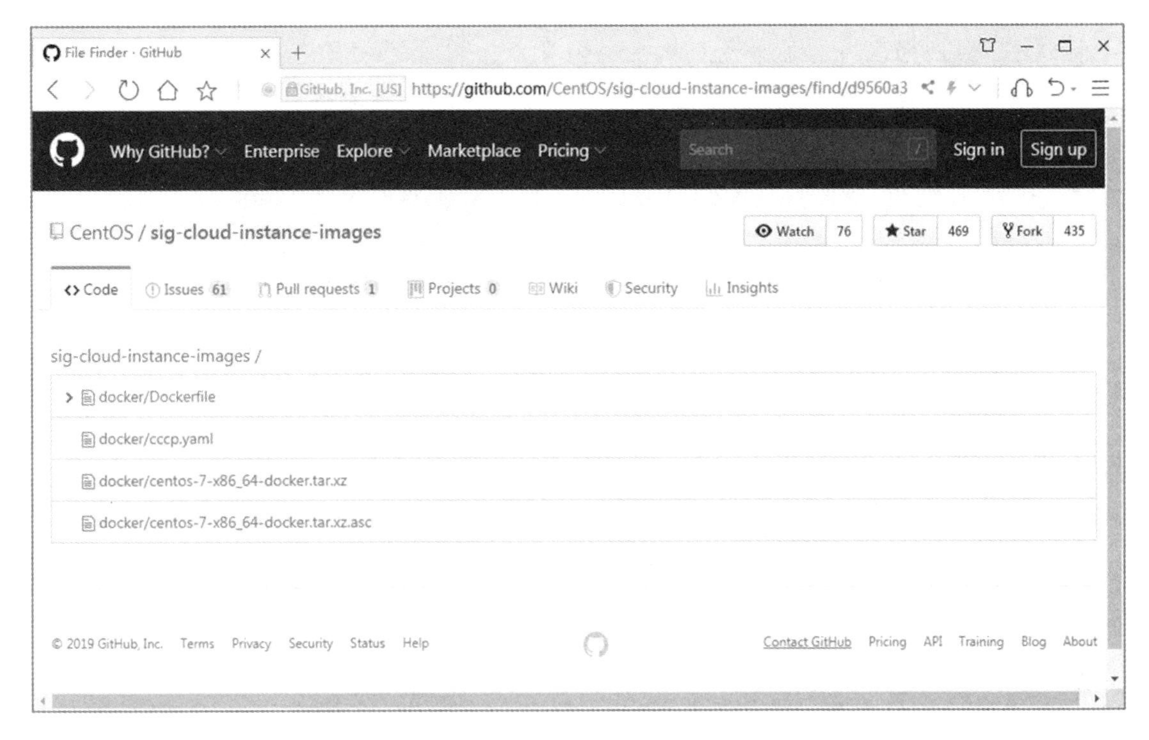

图 2.18　下载并保存镜像安装包

2．获取 CentOS 7 的镜像安装包

该任务在 master 节点完成。准备工作文件目录，可以通过 SCP 软件或采用共享文件夹的方式，将准备好的 CentOS 7 镜像包上传到 master 节点。创建 Docker 工作目录/home/docker/system/centos7，配置过程如下：

```
[root@master ~]# mkdir -p  /home/docker/system/centos7
[root@master ~]# cd  /home/docker/system/centos7/
[root@master centos7]#
```

使用 SCP 软件将准备好的软件包上传到 master 节点的 Docker 工作目录下（/home/docker/system/centos7），如图 2.19 所示。

3．创建 Dockerfile，并创建空镜像

创建 Dockerfile 配置文件。Dockerfile 是由一组指令组成的文件，Docker 程序将读取 Dockerfile 中的指令生成指定镜像。空镜像适用于从头开始构建镜像。

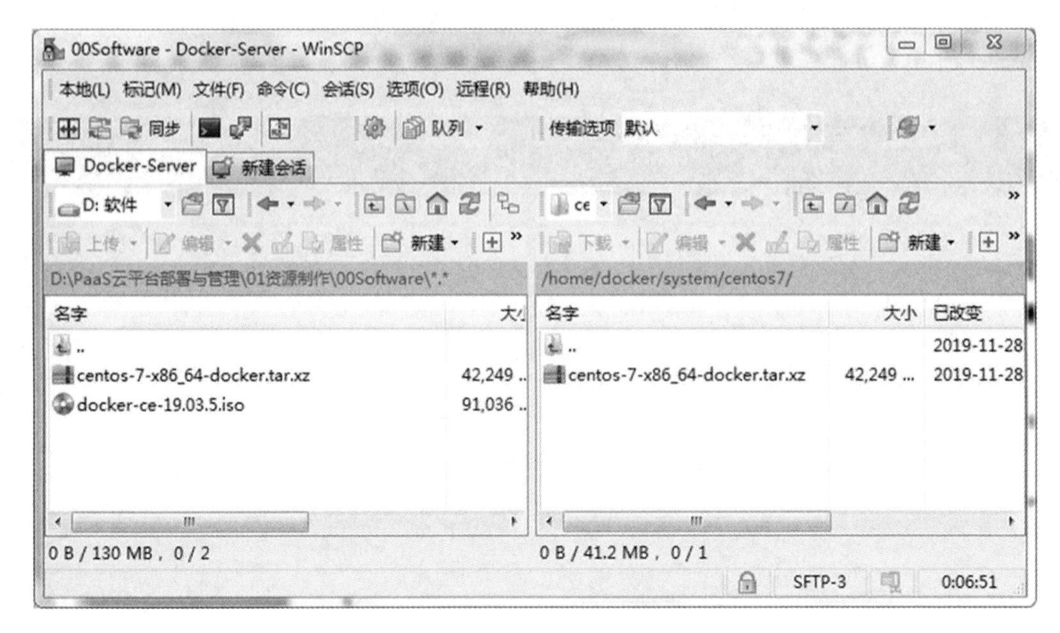

图 2.19　使用 SCP 软件将软件包上传到 master 节点

编写 Dockerfile 配置文件：指定从空镜像（scratch）生成；添加 CentOS 7 安装文件；指定容器主进程的启动命令为/bin/bash；使用 tar 命令生成空镜像；使用 docker images 命令查看生成情况。配置过程如下：

```
[root@master centos7]# vi Dockerfile
FROM scratch
ADD centos-7-x86_64-docker.tar.xz /
CMD ["/bin/bash"]
[root@master centos7]# tar cv --files-from /dev/null | docker import - scratch
sha256:9e6d4f93d3f44c1dda675b3a9e9beb6ba88c09353ed5eb029ed9f25b609c7240
[root@master centos7]# docker images
REPOSITORY   TAG      IMAGE ID       CREATED          SIZE
scratch      latest   9e6d4f93d3f4   24 seconds ago   0B
[root@master centos7]#
```

4．使用 Dockerfile，基于空镜像创建 CentOS 7 镜像

使用 Dockerfile，基于 scratch 创建 CentOS 7 的镜像，可以看到系统按照 Dockerfile 中的每一行指令分步完成镜像的创建，并且分步生成中间层镜像。使用 docker build 命令创建 CentOS 7 镜像：-t 指定镜像的标签，“.”指定镜像构建过程中上下文环境的目录。配置过程如下：

```
[root@master centos7]# docker  build  -t  mycentos7:v1.0  .
Sending build context to Docker daemon  43.27MB
```

```
Step 1/3 : FROM scratch
 --->
Step 2/3 : ADD centos-7-x86_64-docker.tar.xz /
 ---> 1c1e5054f4e8
Step 3/3 : CMD ["/bin/bash"]
 ---> Running in 5d4a3d6718de
Removing intermediate container 5d4a3d6718de
 ---> f5d6a57afd25
Successfully built f5d6a57afd25
Successfully tagged mycentos7:v1.0
[root@master centos7]#
```

2.8.2　运行第一个容器

使用已生成的 CentOS 7 镜像创建容器并查看 hostname。使用 docker images 命令查看生成情况；使用 docker run 命令运行 Docker 容器：--name 指定容器名称，-i 指定始终打开标准输入，-t 为容器分配一个伪终端；进入容器查看 hostname；使用 exit 命令退出容器。配置过程如下：

```
[root@master centos7]# docker images
REPOSITORY   TAG      IMAGE ID       CREATED            SIZE
mycentos7    v1.0     f5d6a57afd25   About a minute ago 203MB
scratch      latest   9e6d4f93d3f4   3 minutes ago      0B
[root@master centos7]# docker run --name mycentos7-1 -it mycentos7:v1.0
[root@7a1380790ac9 /]# hostname
7a1380790ac9
[root@7a1380790ac9 /]# exit
exit
[root@master centos7]#
```

使用 docker ps 命令查看容器列表，-a 指定查看所有容器，包括已停止的容器。配置过程如下：

```
[root@master centos7]# docker ps -a
CONTAINER ID   IMAGE            COMMAND              CREATED              STATUS
PORTS      NAMES
7a1380790ac9 mycentos7:v1.0   "/bin/bash"    4 minutes ago   Exited (127) 2 minutes ago
mycentos7-1
[root@master centos7]#
```

本章练习题

一、单选题

1．不需要虚拟出完整的硬件和操作系统的虚拟化技术是（　　）。

A．SaaS 技术　　B．容器技术
C．大数据技术　　D．虚拟机技术

2．Docker 的三大支撑技术不包括（　　）。

A．Namespaces　　B．KVM
C．Cgroups　　D．AUFS

3．查看 Docker 系统信息的命令是（　　）。

A．docker search　　B．docker run
C．docker ps　　D．docker info

二、多选题

1．关于 Docker 容器的特点，下列说法正确的是（　　）。

A．镜像的体积一般在 GB 级别
B．容器启动速度一般在秒级
C．运行时的性能较差
D．可以在本地或云上运行

2．Docker 核心技术架构包括（　　）。

A．名字空间　　B．控制组
C．联合文件系统　　D．容器格式

3．下列选项中，属于名字空间隔离内容的是（　　）。

A．主机名　　B．进程编号
C．域名　　D．挂载点

4．实现资源限制和资源统计的技术是（　　）。

A．名字空间　　B．控制组
C．联合文件系统　　D．容器格式

5．关于镜像，下列说法正确的是（　　）。

A．镜像是分层的　　B．镜像是可读写的

C．镜像只能从 Docker Hub 上拉取　　D．镜像是容器的基础

6．关于容器，下列说法正确的是（　　）。

A．容器之间是隔离的　　B．容器存放在 repository 仓库中

C．容器都有不同的标签（Tag）　　D．容器可以被启动和停止

三、简答题

1．简述联合文件系统的定义。

2．简述容器技术和传统虚拟化技术的区别。

3．与传统的虚拟化技术相比，Docker 主要有哪些方面的优势。

项目 3

Docker 镜像管理

项目导入

工程师小刘负责做出一套规范性的手册，以供团队成员学习容器技术的基本使用方法。手册的第一部分主要包括镜像技术的介绍和使用管理。镜像是构建 Docker 应用的第一步，为了对镜像进行操作，需要熟练掌握 Docker 镜像的主要操作命令。Dockerfile 定制是构建 Docker 镜像的重要手段，搭建并使用 Docker 平台需要熟练掌握 Dockerfile 定制镜像的方法。

职业能力目标和要求

- 掌握主要的 Docker 镜像管理命令。
- 熟悉 Dockerfile 的基本概念。
- 熟悉 Dockerfile 与镜像、容器的关系。
- 掌握 Dockerfile 的基本构成。
- 掌握 FROM、RUN、CMD、ENTRYPOINT 等指令的使用。

3.1 Docker 镜像基本知识

在讲 Docker 镜像之前，先简单介绍 Linux 文件系统。典型的 Linux 文件系统由 bootfs 和 rootfs 组成。bootfs 会在内核加载到内存后被卸载，所以进入系统看到的都是 rootfs，如 /etc、/prod、/bin 等标准目录。可以把 Docker 镜像当成一个 rootfs，这样就能比较形象地知道什么是 Docker 镜像。比如，官方的 Ubuntu 21.10 就包含一套完整的 Ubuntu 21.10 最小系统的 rootfs，当然其中是不包含内核的。Docker 镜像是一个特殊的文件系统，它提供容器运行时需要的程序、库、资源、配置，还有一个运行时参数，其最终目的就是在容器中运行代码。

从整体的角度来讲，一个完整的 Docker 镜像可以支撑一个 Docker 容器的运行，在 Docker 容器运行的过程中主要提供文件系统视角。例如一个 Ubuntu 14.04 的镜像，提供了一个基本的 Ubuntu 14.04 的发行版本，此镜像是不包含 Linux 操作系统内核的。

以上内容是从宏观的角度来看 Docker 镜像是什么，接下来，我们从微观的角度进一步了解 Docker 镜像。在 Debian 镜像中安装 MySQL 5.6，这个镜像就成了 MySQL 5.6 镜像，此时，Docker 镜像的层级概念就体现出来了。底层是一个 Debian 操作系统镜像，上面叠加一个 MySQL 层，就完成了一个 MySQL 镜像的构建，Debian 操作系统镜像被称为 MySQL 镜像层的父镜像。Docker 有两方面的技术非常重要，第一是 Linux 容器方面的技术，第二是 Docker 镜像的技术。从技术本身来讲，两者的可复制性很强，不存在绝对的技术难点，然而 Docker Hub 存在大量的数据，导致 Docker Hub 的可复制性几乎不存在。

3.1.1 镜像的层级管理

镜像里面是一层层的文件系统，叫作联合文件系统（UnionFS）。联合文件系统可以将几层目录挂载到一起，形成一个虚拟文件系统，虚拟文件系统的目录结构就像普通 Linux 的目录结构。镜像通过这些文件和宿主机的内核提供了一个 Linux 的虚拟环境，每一层文件系统叫作一层 layer。联合文件系统可以对每一层文件系统设置 3 种权限，分别是只读（read-only）、读写（read-write）和写出（writeout-able），但是镜像中每一层文件系统都是只读的。在构建镜像的时候，从一个最基本的操作系统开始，每个构建提交的操作都相当于进行了一层的修改，增加了一层文件系统，一层一层地往上叠加，上层的修改会覆盖底层该位置的可见性，就像上层把底层遮住了一样，当使用镜像的时候，只会看到一个整体。

1. 基础镜像

基础镜像（Base Image）有两层含义。

（1）不依赖于其他任何镜像，完全从零（scratch）创建。scratch 镜像是一个空的镜像，能够用于构建 busybox 等超小镜像，能够真正地从零开始构建属于本身的镜像。基于未提供 FROM 指令或提供 FROM scratch 指令的 Dockerfile 所构建的镜像被称为基础镜像。

（2）其他镜像可以以之为基础进行扩展。能被称为基础镜像的镜像通常是各种 Linux 发行版本的 Docker 镜像，比如 Ubuntu、Debian、CentOS 等。

Linux 操作系统由内核空间和用户空间组成，典型的 Linux 从启动到运行需要两个 FS，即 bootfs 和 rootfs。bootfs（boot file system）主要包含 bootloader 和 kernel，bootloader 主要引导加载 kernel，Linux 在刚启动时会加载 bootfs 文件系统，Docker 镜像的底层是 bootfs。这一层与典型的 Linux/UNIX 系统是一样的，当 boot 加载完成之后，整个内核就都在内存中了，此时内存的使用权由 bootfs 转交给内核，此时系统也会卸载 bootfs。在 Linux 操作系统中，Linux 加载 bootfs 时会将 rootfs 设置为只读，系统自检后会将只读改为读写，让我们可以在操作系统中进行操作。rootfs（root file system）在 bootfs 之上，包含的是典型 Linux 系统中的/dev、/proc、/bin、/etc 等标准目录和文件。rootfs 就是各种不同的操作系统发行版本，如 Ubuntu、CentOS 等。基础镜像的两层含义如图 3.1 所示。

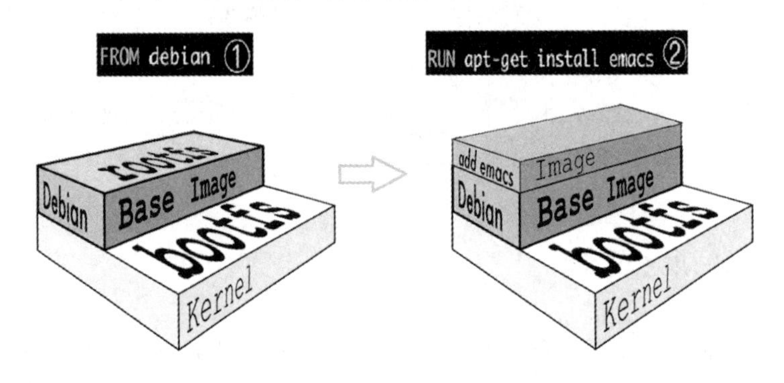

图 3.1 基础镜像的两层含义

（来源：51CTO 博客，IT 技术栈）

2. 基于基础镜像创建镜像

Docker 支持通过扩展现有镜像来创建新的镜像，我们使用的大部分镜像是在基础镜像中安装和配置需要的软件构建出来的。新镜像是由基础镜像一层一层叠加生成的，每安装一个软件，就在现有镜像的基础上增加一层。Docker 通过分层镜像实现共享资源，如果多个镜像由相同的基础镜像构建而来，Docker Host 只需要存储一份基础镜像。镜像在构建时，会一层一层地构建，前一层是后一层的基础。每一层构建完就不会再发生变化，后一层上的任何改变只发生在自己的这一层。实际上，Docker Hub 中 99%的镜像是在基础镜像中安装和配置需要的软件构建出来的。构建一个新的镜像，Dockerfile 如下：

```
[root@master ~]                           #cat Dockerfile
FROM centos                               #基础镜像
MAINTAINER  gongbin<gongbin@gb.com> #作者信息
ENV MYPATH  /usr/local                    #环境变量
WORKDIR $MYPATH                           #指定默认工作目录
RUN yum -y install vim                    #构建时执行命令安装vim
```

```
RUN yum -y install net-tools          #构建时执行命令安装net-tools
EXPOSE 80                             #容器向外暴露的端口
CMD echo $MYPATH
CMD echo "success--------------ok"
CMD /bin/bash
```

基于基础镜像创建镜像的过程如图 3.2 所示。可以看到，新镜像是由基础镜像一层一层叠加生成的，每安装一个软件，就在现有镜像的基础上增加一层。

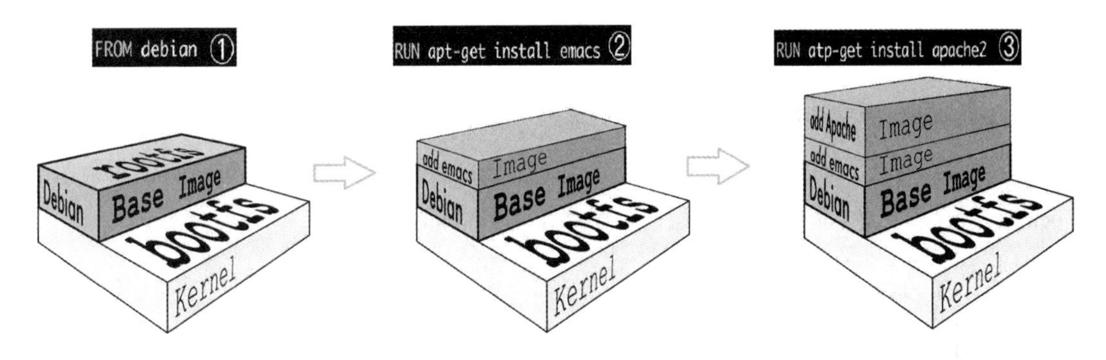

图 3.2　基于基础镜像创建镜像的过程

（来源：51CTO 博客，IT 技术栈）

Docker 镜像采用这种分层结构最大的好处就是共享资源。如果有多个镜像由相同的基础镜像构建而来，那么 Docker Host 只需在磁盘上保存一份基础镜像，内存中也只需加载一份基础镜像，就可以为所有容器服务了，而且镜像的每一层都可以被共享。如果多个容器共享一份基础镜像，当某个容器修改了基础镜像的内容，比如/etc 下的文件，这时其他容器的/etc 不会被修改。

3．基于联合文件系统的镜像分层

早期镜像的分层结构是通过联合文件系统实现的，联合文件系统将各层的文件系统叠加在一起，向用户呈现一个完整的文件系统。联合文件系统的镜像分层如图 3.3 所示。

	镜像A	镜像B	镜像C
第4层	ccc(file4)	qqq(file1)	
第3层	bbb(file2、file3)	ppp	yyy
第2层	aaa(file1)	aaa(file1)	xxx
第1层	Ubuntu14.04	Ubuntu14.04	fedora25

图 3.3　联合文件系统的镜像分层

优点：便于镜像的修改；有助于共享资源，具有相同环境的应用程序的镜像共享同一个环境镜像，不需要每个镜像都创建一个底层环境，运行时也只需要加载同一个底层环境。

缺点：会导致镜像的层数越来越多，而联合文件系统允许的层数是有限的；当需要修改大文件时，需要复制整个大文件进行修改，影响操作效率；上层的镜像都基于相同的底层基础镜像，一旦基础镜像需要修改，如果基于它的上层镜像是通过容器生成的，则维护的工作量会变得相当大；镜像的使用者无法对镜像进行审计，存在一定的安全隐患。

4．基于 Dockerfile 文件的镜像分层

为克服镜像分层方式的不足，Docker 推荐选择 Dockerfile 文件逐层构建镜像。大多数 Docker 镜像都是在其他镜像的基础上逐层建立起来的。在构建镜像时，每一层都由镜像的 Dockerfile 指令决定。除了最后一层，每一层都是只读的。

5．对 Docker 镜像内容的认识

对 Docker 镜像内容的认识可以分为三个阶段。

第一阶段：容器的文件系统内容。

第二阶段：联合文件系统作为镜像层级管理的技术，每一层镜像都是容器文件系统内容的一部分。

第三阶段：研究镜像与容器的关系。镜像是静态的定义，容器是镜像运行时的实体（一个动态的环境）。每一个 Docker 镜像还会包含 JSON 文件，用来记录与容器之间的关系。

3.1.2　镜像的体积

Docker Hub 中显示的体积是压缩后的体积。在镜像下载和上传过程中，镜像保持着压缩状态。而使用 docker images ls 命令显示的是镜像下载到本地并展开后的各层所占空间的总和，由于 Docker 使用的是联合文件系统，相同的层只需要保存一份即可，因此实际镜像占用空间比列表中镜像大小的总和要小。另一个需要注意的问题是，docker image ls 命令列表中的镜像体积总和并非所有镜像的实际硬盘消耗。由于 Docker 镜像是多层存储结构，并且可以继承、复用，因此不同的镜像可能使用相同的基础镜像，从而拥有共同的层。由于 Docker 使用联合文件系统，相同的层只需要保存一份，因此，实际镜像占用的硬盘空间可能比这个列表中镜像大小的总和小得多。

3.1.3　特殊类型的镜像

1. 虚悬镜像

虚悬镜像原本是有镜像名和标签的，在镜像维护发布了新版本后，这个镜像名被转移到新下载的镜像上，而旧镜像的名称则被取消，从而成为<none>。使用 docker build 命令构建镜像同样可以产生虚悬镜像。一般来说，虚悬镜像已经失去了存在的价值，可以删除。镜像没有仓库名或者标签，显示为<none>，例如：

```
[root@master ~]# docker images -a
REPOSITORY           TAG          IMAGE ID        CREATED        SIZE
mycentos7            V1.0         f5d6a57afd25    3 days ago     203MB
<none>               <none>       1c1e5054f4e8    3 days ago     203MB
scratch              latest       9e6d4f93d3f4    3 days ago     0B
```

2. 中间层镜像

在使用 docker build 命令创建镜像的过程中，为了加速镜像构建，重复利用资源，Docker 会利用中间层镜像。这部分镜像不应该删除，否则可能导致上层镜像因丢失依赖而出错。实际上，这些镜像也没有必要删除，在 Docker 中，相同的层只存储一份，而这些镜像是其他镜像的依赖，因此并不会因为它们被列出来而多存储一份，无论如何，会有镜像需要它们。删除那些依赖中间层镜像的镜像后，这些中间层镜像也会被删除。

3.1.4　镜像的标识

镜像 ID 是镜像的唯一标识，采用 UUID 的形式表示，全长 64 个十六进制字符。实际上，镜像 ID 是镜像的摘要值（Digest），是使用哈希函数 sha256 对镜像配置文件进行计算而来的。标签用于标记同一仓库的不同镜像版本，镜像可以通过镜像 ID、镜像名称（包括标签）、镜像摘要值来标识或引用。镜像的标识如表 3.1 所示。

表 3.1　镜像的标识

REPOSITORY	镜像仓库	TAG	镜像的标签
IMAGE ID	镜像 ID	CREATED	生成时间
SIZE	镜像所占用的空间	DIGEST	镜像摘要

3.2 Docker 镜像主要操作命令

镜像由自己或他人构建，构建好的镜像可以直接放在本地或上传到远程镜像仓库中。当运行一个 Docker 镜像时，会先在本地查找是否存在要运行的镜像，如果没有，则会去远程镜像仓库拉取。远程镜像仓库默认为官方的镜像仓库，当然，也可以改为自己的私有镜像仓库。

3.2.1 Docker CLI

Docker CLI 是 Docker 主要的命令行界面，包含所有的 Docker 命令，开发者可以在命令行中使用 Docker 相关命令与 Docker 守护进程进行交互，从而管理镜像（Image）、容器（Container）、网络（Network）和数据卷（Data Volumes）等实体。用法如下：

docker [OPTIONS] COMMAND [ARG. . .]

docker [--help | -v | --version]

随着 Docker 架构的调整，一个管理命令对应一个子业务的范畴。如 docker images、docker build、docker history 等命令，都划分到 Docker 镜像管理命令下，典型命令有 docker images、docker ps、docker build -t mycentos7：v1.0。Docker CLI 命令提供与镜像（Image）、容器（Container）、注册服务器（Registry）、镜像定制配置文件（Dockerfile）、本地文件系统的交互。Docker 命令如图 3.4 所示。

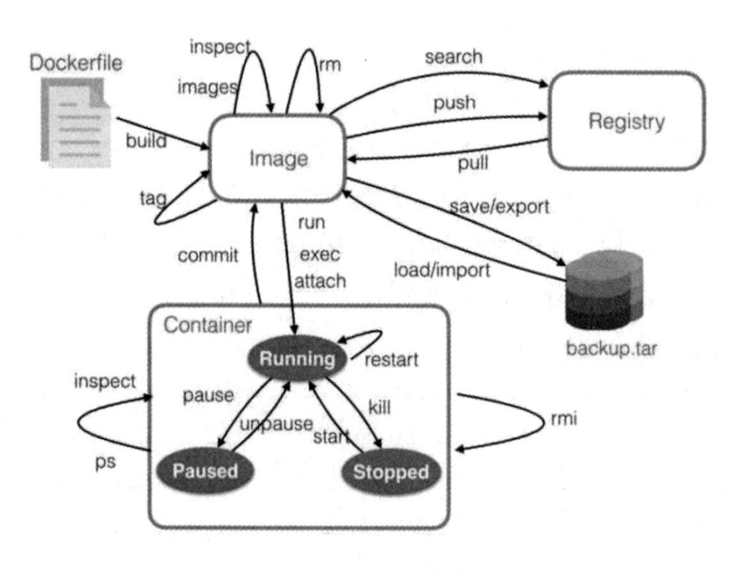

图 3.4　Docker 命令

（来源：SegmentFault）

3.2.2　Docker 镜像的主要命令

Docker Hub 上有大量高质量的镜像可以使用，使用 Docker 相关命令就可以操作镜像。Docker 镜像的主要命令如表 3.2 所示。

表 3.2　Docker 镜像的主要命令

命　令	描　述
docker build	从 Dockerfile 中构建镜像
docker history	显示镜像的历史
docker images	列出镜像
docker import	从压缩包导入内容以创建文件系统镜像
docker inspect	获取容器/镜像的元数据
docker rmi	删除一个或多个镜像
docker save	将一个或多个镜像保存到 tar 存档（默认流式传输到 STDOUT）
docker load	从 tar 存档或 STDIN 加载镜像
docker pull	从镜像仓库中拉取镜像或更新指定镜像
docker push	将镜像或仓库推送到仓库注册服务器
docker tag	根据原镜像生成带标签的目标镜像
docker search	在 Docker Hub 中搜索镜像
docker login	登录一个 Docker 镜像仓库

1．docker build 命令

（1）命令说明：从 Dockerfile 中构建镜像。

（2）命令用法：

docker build [OPTIONS] PATH | URL | -

（3）扩展说明：docker build 命令从 Dockerfile 和上下文构建 Docker 镜像。构建的上下文位于指定 PATH 或 URL。构建过程可以引用上下文中的任何文件。例如，可以使用 COPY 指令来引用上下文中的文件。URL 参数可以引用 3 种资源：Git 存储库、预打包的压缩包上下文和纯文本文件。docker build 命令的部分选项如表 3.3 所示。

表 3.3　docker build 命令的部分选项

选　项	描　述
--add-host	添加自定义主机到 IP 映射
--build-arg	设置构建时变量

续表

选　项	描　述
--cache-from	考虑作为缓存源的镜像
--cgroup-parent	容器的可选父 Cgroup
--compress	使用 gzip 压缩构建上下文
--cpu-period	限制 CPU CFS 周期
--cpu-quota	限制 CPU CFS 配额
--cpu-shares（简写为-c）	设置 CPU 使用权重
--cpuset-cpus	指定使用的 CPU ID
--cpuset-mems	指定使用的内存 ID
--file（简写为-f）	指定使用的 Dockerfile 路径
--force-rm	在设置镜像过程中删除中间容器
--iidfile	将镜像 ID 写入文件
--isolation	容器隔离技术
--label	设置镜像使用的元数据
--memory（简写为-m）	内存限制
--no-cache	在创建镜像的过程中不使用缓存
--quiet（简写为-q）	安静模式，成功后只输出镜像 ID

2．docker history 命令

（1）命令说明：显示镜像的历史。

（2）命令用法：

docker history [OPTIONS] IMAGE

docker history 命令的选项如表 3.4 所示。

表 3.4　docker history 命令的选项

选　项	默　认	描　述
--format		使用 Go 模板的 Pretty-print 镜像
--human（简写为-H）	true	以人类可读模式打印大小和日期
--no-trunc		不截断输出
--quiet（简写为-q）		仅显示镜像 ID

使用 docker history 命令查看 centos 镜像是如何构建的：

```
[root@master ~]# docker history centos
```

```
IMAGE           CREATED         CREATED BY           SIZE                           COMMENT
5d0da3dc9764    10 months ago   /bin/sh -c #(nop)    CMD ["/bin/bash"]               0 B
<missing>       10 months ago   /bin/sh -c #(nop)    LABEL org.label-schema...       0 B
<missing>       10 months ago   /bin/sh -c #(nop)    ADD file:805cb5e15fb6e0b...   231 MB
```

3．docker images 命令

（1）命令说明：列出镜像。

（2）命令用法：

docker images [OPTIONS] [REPOSITORY[:TAG]]

docker images 命令的选项如表 3.5 所示。

表 3.5 docker images 命令的选项

选　项	描　述
--all（简写为-a）	显示所有镜像（默认隐藏中间层镜像）
--digests	显示摘要
--filter（简写为-f）	根据提供的条件过滤输出
--format	使用 Go 模板打印漂亮的镜像
--no-trunc	不截断输出
--quiet（简写为-q）	仅显示镜像 ID

使用 docker images 命令列出最近创建的镜像：

```
[root@master ~]# docker images
REPOSITORY            TAG       IMAGE ID        CREATED          SIZE
docker.io/busybox     latest    62aedd01bd85    2 months ago     1.24 MB
scratch               latest    80e9a056950d    3 months ago     0 B
docker.io/registry    latest    2e200967d166    4 months ago     24.2 MB
centos                v1.0      5d0da3dc9764    10 months ago    231 MB
docker.io/centos      latest    5d0da3dc9764    10 months ago    231 MB
```

4．docker import 命令

（1）命令说明：从压缩包导入内容以创建文件系统镜像。

（2）命令用法：

docker import [OPTIONS] file|URL|- [REPOSITORY[:TAG]]

docker import 命令的选项如表 3.6 所示。

表 3.6　docker import 命令的选项

选　项	描　述
--change（简写为-c）	将 Dockerfile 指令应用于创建的镜像
--message（简写为-m）	为导入的镜像设置提交消息
--platform	如果服务器支持多平台，则设置平台

5．docker inspect 命令

（1）命令说明：获取容器/镜像的元数据。

（2）命令用法：

docker inspect [OPTIONS] NAME|ID [NAME|ID...]

docker inspect 命令的选项如表 3.7 所示。

表 3.7　docker inspect 命令的选项

选　项	描　述
--format（简写为-f）	使用给定的 Go 模板格式化输出
--size（简写为-s）	如果类型为容器，则显示总文件大小
--type	返回指定类型的 JSON

使用 docker inspect ID 命令查看指定镜像 busybox 的元数据，其中 ID 是镜像 busybox 的 ID，例如：

```
[root@master ~]# docker images
REPOSITORY           TAG         IMAGE ID        CREATED          SIZE
docker.io/busybox    latest      62aedd01bd85    2 months ago     1.24 MB
scratch              latest      80e9a056950d    3 months ago     0 B
docker.io/registry   latest      2e200967d166    4 months ago     24.2 MB
centos               v1.0        5d0da3dc9764    10 months ago    231 MB
docker.io/centos     latest      5d0da3dc9764    10 months ago    231 MB
[root@master ~]# docker inspect 62aedd01bd85
[
    {
        "Id": "sha256:62aedd01bd8520c43d06b09f7a0f67ba9720bdc04631a8242c65ea995f3ecac8",
        "RepoTags": [
            "docker.io/busybox:latest"
        ],
```

```
        "RepoDigests":
[    "docker.io/busybox@sha256:3614ca5eacf0a3a1bcc361c939202a974b4902b9334ff36eb29ffe9
011aaad83"
    ],
        "Parent": "",
        "Comment": "",
        "Created": "2022-06-08T01:19:21.210054903Z",
        "Container": "fac95e369dbab4c7fcee092a24f5e1060a27235eb86ce926c101e409141ca029",
        "ContainerConfig": {
            "Hostname": "fac95e369dba",
            "Domainname": "",
            "User": "",
            "AttachStdin": false,
            "AttachStdout": false,
            "AttachStderr": false,
            ……
            ……
```

6．docker rmi 命令

（1）命令说明：删除一个或多个镜像。

（2）命令用法：

docker rmi [OPTIONS] IMAGE [IMAGE…]

docker rmi 命令的选项如表 3.8 所示。

表 3.8　docker rmi 命令的选项

选　项	描　述
--force（简写为-f）	强制删除镜像
--no-prune	不移除该镜像的过程镜像，默认为移除

使用 docker rmi 命令删除镜像 busybox 并查看结果：

```
[root@master ~]# docker images
REPOSITORY          TAG          IMAGE ID          CREATED          SIZE
docker.io/busybox   latest       62aedd01bd85      2 months ago     1.24 MB
scratch             latest       80e9a056950d      3 months ago     0 B
docker.io/registry  latest       2e200967d166      4 months ago     24.2 MB
centos              v1.0         5d0da3dc9764      10 months ago    231 MB
docker.io/centos    latest       5d0da3dc9764      10 months ago    231 MB
[root@master ~]# docker  rmi  busybox
```

```
Untagged: busybox:latest
Untagged: docker.io/busybox@sha256:3614ca5eacf0a3a1bcc361c939202a974b4902b9334ff36
eb29ffe9011aaad83
Deleted: sha256:62aedd01bd8520c43d06b09f7a0f67ba9720bdc04631a8242c65ea995f3ecac8
Deleted: sha256:7ad00cd55506625f2afad262de6002c8cef20d214b353e51d1025e40e8646e18
[root@master ~]# docker images
REPOSITORY          TAG         IMAGE ID        CREATED         SIZE
scratch             latest      80e9a056950d    3 months ago    0 B
docker.io/registry  latest      2e200967d166    4 months ago    24.2 MB
centos              v1.0        5d0da3dc9764    10 months ago   231 MB
docker.io/centos    latest      5d0da3dc9764    10 months ago   231 MB
[root@master ~]#
```

7．docker save 命令

（1）命令说明：将一个或多个镜像保存到 tar 存档（默认流式传输到 STDOUT）。

（2）命令用法：

docker save [OPTIONS] IMAGE [IMAGE...]

docker save 命令的选项如表 3.9 所示。

表 3.9　docker save 命令的选项

选　项	描　述
--output（简写为-o）	写入文件，而不是 STDOUT

首先使用 docker images 命令查看本地镜像库中的镜像情况，然后使用 docker save 命令将 centos 镜像保存到本地，最后使用 ll 命令查看本地保存情况：

```
[root@master ~]# docker images
REPOSITORY          TAG         IMAGE ID        CREATED         SIZE
scratch             latest      80e9a056950d    3 months ago    0 B
docker.io/registry  latest      2e200967d166    4 months ago    24.2 MB
docker.io/centos    latest      5d0da3dc9764    10 months ago   231 MB
[root@master ~]# docker  save  centos  >  centos.tar
[root@master ~]# ll
总用量 233004
-rw-------. 1 root root      1752 3月  17 2021 anaconda-ks.cfg
-rw-r--r--. 1 root root 238581248 8月   9 22:31 centos.tar
-rw-r--r--. 1 root root       390 7月  23 21:22 Dockerfile
-rw-r--r--. 1 root root      1800 3月  17 2021 initial-setup-ks.cfg
drwxr-xr-x. 2 root root         6 3月  17 2021 公共
```

```
drwxr-xr-x. 2 root root         6 3月  17 2021 模板
drwxr-xr-x. 2 root root         6 3月  17 2021 视频
drwxr-xr-x. 2 root root         6 3月  17 2021 图片
drwxr-xr-x. 2 root root         6 3月  17 2021 文档
drwxr-xr-x. 2 root root         6 3月  17 2021 下载
drwxr-xr-x. 2 root root         6 3月  17 2021 音乐
drwxr-xr-x. 2 root root         6 3月  17 2021 桌面
```

8．docker load 命令

（1）命令说明：从 tar 存档或 STDIN 加载镜像。

（2）命令用法：

docker load [OPTIONS]

docker load 命令的选项如表 3.10 所示。

表 3.10　docker load 命令的选项

选　项	描　述
--input（简写为-i）	从 tar 存档文件中读取，而不是 STDIN
--quiet（简写为-q）	抑制负载输出

首先使用 docker images 命令查看本地镜像库中的镜像情况，然后使用 docker rmi 命令将 centos 镜像删除，最后使用 docker load 命令加载 centos 镜像并查看加载结果：

```
[root@master ~]# docker images
REPOSITORY           TAG         IMAGE ID        CREATED         SIZE
scratch              latest      80e9a056950d    3 months ago    0 B
docker.io/registry   latest      2e200967d166    4 months ago    24.2 MB
docker.io/centos     latest      5d0da3dc9764    10 months ago   231 MB
[root@master ~]# docker rmi 5d0da3dc9764
Untagged: docker.io/centos:latest
Untagged:
docker.io/centos@sha256:a27fd8080b517143cbbbab9dfb7c8571c40d67d534bbdee55bd6c473f432b
177
Deleted: sha256:5d0da3dc976460b72c77d94c8a1ad043720b0416bfc16c52c45d4847e53fadb6
Deleted: sha256:74ddd0ec08fa43d09f32636ba91a0a3053b02cb4627c35051aff89f853606b59
[root@master ~]# docker images
REPOSITORY           TAG         IMAGE ID        CREATED         SIZE
scratch              latest      80e9a056950d    3 months ago    0 B
docker.io/registry   latest      2e200967d166    4 months ago    24.2 MB
[root@master ~]# docker load < centos.tar
```

```
74ddd0ec08fa: Loading layer [==================================>] 238.6 MB/238.6 MB
Loaded image: docker.io/centos:latest
[root@master ~]# docker images
REPOSITORY            TAG          IMAGE ID         CREATED          SIZE
scratch               latest       80e9a056950d     3 months ago     0 B
docker.io/registry    latest       2e200967d166     4 months ago     24.2 MB
docker.io/centos      latest       5d0da3dc9764     10 months ago    231 MB
```

9. docker pull 命令

（1）命令说明：从镜像仓库中拉取镜像或更新指定镜像。

（2）命令用法：

docker pull [OPTIONS] NAME[:TAG|@DIGEST]

docker pull 命令的选项如表 3.11 所示。

表 3.11　docker pull 命令的选项

选　项	默　认	描　述
--all-tags（简写为-a）		下载存储库中的所有标记镜像
--disable-content-trust	true	跳过镜像验证
--platform		如果服务器支持多平台，则设置平台
--quiet（简写为-q）		抑制详细输出

使用 docker pull 命令从镜像源拉取镜像或从一个本地不存在的镜像创建容器时，每层都是独立拉取的，并保存在 Docker 的本地存储区域（在 Linux 主机上通常是/var/lib/docker 目录）。下例展示了拉取 mysql 镜像的过程：

```
[root@master ~]# docker pull mysql
Using default tag: latest
Trying to pull repository docker.io/library/mysql ...
latest: Pulling from docker.io/library/mysql
32c1bf40aba1: Pull complete
3ac22f3a638d: Pull complete
b1e7273ed05e: Pull complete
20be45a0c6ab: Pull complete
410a229693ff: Pull complete
1ce71e3a9b88: Pull complete
c93c823af05b: Pull complete
c6752c4d09c7: Pull complete
d7f2cfe3efcb: Pull complete
```

```
916f32cb0394: Pull complete
0d62a5f9a14f: Pull complete
Digest: sha256:ce2ae3bd3e9f001435c4671cf073d1d5ae55d138b16927268474fc54ba09ed79
Status: Downloaded newer image for docker.io/mysql:latest
[root@master ~]# docker images
REPOSITORY           TAG          IMAGE ID        CREATED          SIZE
docker.io/mysql      latest       7b94cda7ffc7    6 days ago       446 MB
scratch              latest       80e9a056950d    3 months ago     0 B
docker.io/registry   latest       2e200967d166    4 months ago     24.2 MB
docker.io/centos     latest       5d0da3dc9764    10 months ago    231 MB
```

10．docker push 命令

（1）命令说明：将镜像或仓库推送到仓库注册服务器。

（2）命令用法：

docker push [OPTIONS] NAME[:TAG]

docker push 命令的选项如表 3.12 所示。

表 3.12　docker push 命令的选项

选　　项	默　认	描　　述
--all-tags（简写为-a）		推送存储库中的所有标记镜像
--disable-content-trust	true	跳过镜像签名
--quiet（简写为-q）		抑制详细输出

11．docker tag 命令

（1）命令说明：根据原镜像生成带标签的目标镜像。

（2）命令用法：

docker tag SOURCE_IMAGE[:TAG] TARGET_IMAGE[:TAG]

使用 docker tag 命令将原镜像 centos:latest 生成带标签的目标镜像 centos:v1.0：

```
[root@master ~]# docker images
REPOSITORY           TAG          IMAGE ID        CREATED          SIZE
docker.io/mysql      latest       7b94cda7ffc7    6 days ago       446 MB
scratch              latest       80e9a056950d    3 months ago     0 B
docker.io/registry   latest       2e200967d166    4 months ago     24.2 MB
docker.io/centos     latest       5d0da3dc9764    10 months ago    231 MB
[root@master ~]# docker  tag  centos:latest  centos:v1.0
```

```
[root@master ~]# docker images
REPOSITORY           TAG       IMAGE ID       CREATED          SIZE
docker.io/mysql      latest    7b94cda7ffc7   6 days ago       446 MB
scratch              latest    80e9a056950d   3 months ago     0 B
docker.io/registry   latest    2e200967d166   4 months ago     24.2 MB
centos               v1.0      5d0da3dc9764   10 months ago    231 MB
docker.io/centos     latest    5d0da3dc9764   10 months ago    231 MB
```

12. docker search 命令

（1）命令说明：在 Docker Hub 中搜索镜像。

（2）命令用法：

docker search [OPTIONS] TERM

docker search 命令的选项如表 3.13 所示。

表 3.13　docker search 命令的选项

选　项	默　认	描　述
--filter（简写为-f）		根据提供的条件过滤输出
--format		使用 Go 模板格式化显示输出
--limit	25	最大搜索结果数（默认是 25）
--no-trunc		显示完整的镜像描述

使用 docker search 命令搜索 busybox 镜像且至少有 10 颗星：

```
[root@master ~]# docker search --filter stars=10  busybox
INDEX        NAME         DESCRIPTION          STARS    OFFICIAL   AUTOMATED
docker.io  docker.io/busybox   Busybox base image.    2708      [OK]
docker.io   docker.io/radial/busyboxplus  Full-chain,Internet enabled, busybox
made...  49  [OK]
docker.io   docker.io/yauritux/busybox-curl       Busybox with CURL        16
docker.io   docker.io/arm32v7/busybox             Busybox base image.      10
```

使用 docker search 命令搜索 busybox 镜像，至少有 10 颗星且是官方构建的镜像：

```
[root@master ~]# docker search --filter is-official=true --filter stars=10  busybox
INDEX        NAME               DESCRIPTION          STARS    OFFICIAL   AUTOMATED
docker.io    docker.io/busybox  Busybox base image.  2708     [OK]
```

13. docker login 命令

（1）命令说明：登录一个 Docker 镜像仓库。

（2）命令用法：

docker login [OPTIONS] [SERVER]

docker login 命令的选项如表 3.14 所示。

表 3.14　docker login 命令的选项

选　　项	描　　述
--password（简写为-p）	登录的密码
--password-stdin	从标准输入获取密码
--username（简写为-u）	登录的用户名

3.3　基于 Dockerfile 创建镜像

3.3.1　Dockerfile 的基本概念

除了手动生成 Docker 镜像，还可以使用 Dockerfile 自动生成镜像。镜像的定制实际上就是定制每一层添加的配置文件。如果把每一层修改、安装、构建、操作的命令都写入一个脚本，使用这个脚本来定制镜像，那么之前提到的无法重复的问题、镜像构建透明性的问题、体积的问题都会得到解决，这个脚本就是 Dockerfile。

Dockerfile 是一个文本文件，其中包含了一条条的指令，每一条指令构建一层，因此每一条指令的内容就是描述该层应当如何构建，Docker 将读取 Dockerfile 中的指令生成指定镜像。有了 Dockerfile，当需要定制镜像时，只需在 Dockerfile 上添加或修改指令，重新生成镜像即可。Dockerfile 用来定义单个容器的内容和启动行为，自动构建 Docker 镜像的配置文件。

1．构建镜像的方法

首先从 Docker Hub 或其他注册服务器上拉取镜像（docker pull），然后使用 Dockerfile 文件定制镜像（docker build），最后基于已有镜像的容器创建镜像（docker commit）。

2．Docker 镜像、容器和 Dockerfile 的关系

容器与镜像的区别：Docker 镜像的生命周期分为镜像 Image、容器 Container、仓库 Registry 三部分。容器是镜像实例化而来的，容器即进程，镜像即文件。容器基于镜像创建，容器中的进程依赖于镜像中的文件。Docker 的镜像类似于虚拟机中的镜像只读模板，它属

于一个独立的文件系统，可以基于同一个镜像通过 docker run 命令启动多个容器。Docker 也可以像虚拟机一样，通过 docker run、docker stop、docker rm 命令来启动、停止、删除容器。容器其实就是迷你版本的 Linux 系统，它拥有完全与宿主机隔离的系统文件、进程、用户权限、网络空间等。

使用 Dockerfile 自定义镜像，通过 Docker 命令运行镜像，从而达到启动容器的目的。Dockerfile 可以构建出一个新的镜像，包含 4 个镜像层，每一条指令会和一个镜像层对应，镜像之间存在父子关系。Docker 镜像是 Docker 容器运行的基础，没有 Docker 镜像，就不可能有 Docker 容器。

Dockerfile、Docker 镜像和 Docker 容器的关系：Dockerfile 是软件的原材料，Docker 镜像是软件的交付品，而 Docker 容器则可以认为是软件的运行态。Dockerfile、Docker 镜像和 Docker 容器分别代表软件的三个阶段，Dockerfile 面向开发，Docker 镜像成为交付标准，Docker 容器则涉及部署与运维，三者缺一不可，合力充当 Docker 体系的基石。Dockerfile、Docker 镜像和 Docker 容器的关系如图 3.5 所示。

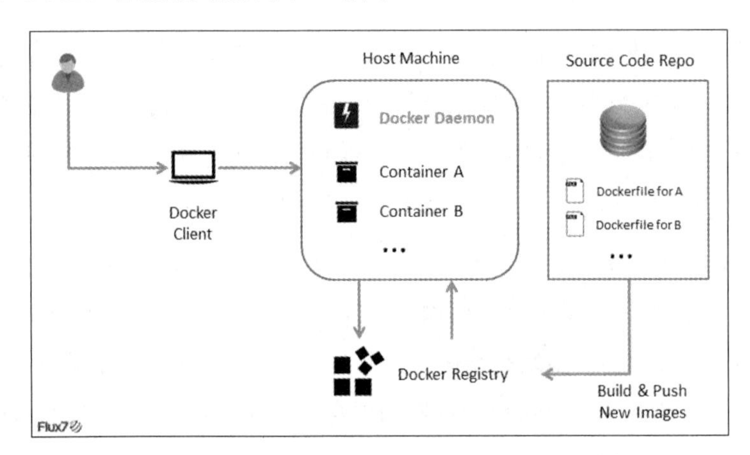

图 3.5 Dockerfile、Docker 镜像和 Docker 容器的关系

（来源：UCLOUD 优刻得，Flux7 Docker 系列教程）

3. Dockerfile 与镜像层级的关系

Dockerfile 有十几条命令用于构建镜像，每条指令在构建镜像过程中都对应一个中间层镜像，示例如下：

```
[root@master centos7]# docker build -t mycentos7:v1.0  .
Sending build context to Docker daemon  43.27MB
Step 1/3 : FROM scratch
 --->
```

```
Step 2/3 : ADD centos-7-x86_64-docker.tar.xz /
 ---> 1c1e5054f4e8
Step 3/3 : CMD ["/bin/bash"]
 ---> Running in 5d4a3d6718de
Removing intermediate container 5d4a3d6718de
 ---> f5d6a57afd25
Successfully built f5d6a57afd25
Successfully tagged mycentos7:v1.0
```

4．Dockerfile 的基本构成

Dockerfile 中的每一条指令可携带多个参数，支持使用“#”开头的注释。一般来说，Dockerfile 可以分为 4 部分：基础镜像（父镜像）信息指令 FROM；维护者信息指令 MAINTAINER；镜像操作指令 RUN、ENV、ADD、WORKDIR 等；容器启动指令 CMD、ENTRYPOINT、USER 等。在编写 Dockerfile 时，有严格的格式需要遵循：第一行必须使用 FROM 指令指明基础镜像，之后使用 MAINTAINER 指令说明维护该镜像的用户信息，然后使用镜像操作的相关指令，如 RUN 指令。每运行一条指令，都会给基础镜像添加新的一层。最后使用 CMD 指令指定启动容器时要运行的命令。Dockerfile 的主要操作指令如表 3.15 所示。

表 3.15　Dockerfile 的主要操作指令

序　号	指　令	描　述	序　号	指　令	描　述
1	FROM	指定基础镜像	10	ENTRYPOINT	指定镜像的默认入口
2	RUN	运行指定的命令	11	VOLUME	创建数据挂载点
3	CMD	容器启动时运行的命令	12	USER	设置启动容器的用户或用户组
4	LABEL	为镜像指定标签	13	WORKDIR	设置工作目录
5	MAINTAINER	指定生成镜像的作者名称	14	ARG	设置镜像内参数
6	EXPOSE	将容器运行时的监听端口暴露给外部	15	ONBUILD	指定命令只对当前镜像的子镜像生效
7	ENV	设置环境变量	16	STOPSIGNAL	指定容器推出时给系统发送的指令
8	ADD	将指定<src>复制到容器中的<dest>	17	HEALTHCHECK	检查容器的健康状况
9	COPY	将本地主机的<src>（Dockerfile 所在目录的相对路径）复制到容器中的<dest>	18	SHELL	指定使用 SHELL 时的默认 SHELL 类型

下面是 Dockerfile 简单示例：

```
# Version: 0.0.1
# 新镜像不再从scratch开始，而是直接在debian基础镜像上构建新镜像
FROM   debian
MAINTAINER wzlinux
#安装emacs编辑器
RUN apt-get update && apt-get install -y emacs
#安装apache2
RUN apt-get install -y apache2
#容器启动时运行bash
CMD ["/bin/bash"]
```

3.3.2 Dockerfile 的主要指令

1. FROM 指令

FROM 指令的功能是初始化一个新的构建阶段，并为后续指令指定基础镜像。该镜像可以是任何有效镜像，使用从公共存储库中拉出来的镜像更容易启动成功。除了 ARG，有效的 Dockerfile 必须以 FROM 指令开头。

FROM 指令的语法格式如下：

FROM <image> [AS <name>]

FROM <image> [:<tag>] [AS <name>]

FROM <image> [@<digest>] [AS <name>]

<tag>和<digest>是可选项，如果不使用这两个值，会默认使用最新版本的基础镜像。Docker 还有一个特殊的镜像 scratch，写法为 FROM scratch。这意味着不以任何镜像为基础镜像，接下来所写的指令将作为镜像的第一层。scratch 是一个虚拟的概念，并不实际存在，它表示一个空的镜像。使用 scratch 为基础镜像，可以把可执行的二进制文件复制到镜像中直接执行，容器本身就是和宿主机共享 Linux 内核的，这种方式可以使镜像的体积更加小巧。

2. RUN 指令

RUN 指令的功能为运行指定的命令，由于命令行的强大功能，RUN 指令是定制镜像时最常用的指令之一。两种语法格式如下。

1）shell 形式

RUN <command>

命令在 shell 中运行，在 Linux 中默认为/bin/sh -c，在 Windows 中默认为 cmd /S/C。

2）exec 形式

RUN ["executable","param1","param2"]

类似于函数调用，可以避免破坏 shell 字符串，并使用不包含指定 shell 可执行文件的基本镜像运行 RUN 命令。注意，使用 exec 形式时，列表中的内容会被解析为 JSON 数组，这意味着必须在单词周围使用双引号（""）而非单引号（''）。

注意：多行命令尽量不要写多个 RUN，因为 Dockerfile 中每执行一个指令都会在 Docker 上新建一层，多个 RUN 会构建多余的镜像层，造成镜像过大，增加了构建、部署的时间。当需要执行多个命令时，可使用“&&”将多个命令分隔开，使其先后执行，使用“\”作为换行符。示例如下：

```
[ root@master mydocker]# cat Dockerfile
FROM    centos
RUN     yum  install - y  httpd
RUN     systemctl start httpd
RUN     systemctl enabled httpd
#这样会构建三层镜像，可以简化为以下FORM
FROM   centos
RUN    yum  install  -y  httpd  \
       &&  systemctl start httpd  \
       &&  systemctl enabled httpd
```

RUN 指令的结尾处，一般添加清理工作的命令，删除为编译构建的软件和所有下载、展开的文件等，确保每一层只添加真正需要的内容。

3．CMD 指令

CMD 指令的功能是指定容器启动时运行的命令。Dockerfile 中只能有一个 CMD 指令，如果有多个 CMD 指令，则只有最后一个 CMD 指令有效。CMD 指令有 3 种形式，其中，exec 形式的语法格式如下：

CMD ["executable","param1","param2"]

推荐使用 exec 形式。这类格式在解析时会被解析为 JSON 数组，因此参数一定要使用双引号（""），而不能使用单引号（''）。由于 exec 形式并不引用 command shell，只能直接运行 shell 来得到 shell 执行过程，在直接执行 shell 时，由 shell 进行环境变量扩展，而不使用 Docker。例如：

CMD ["sh", "-c", "echo $HOME"]

如果不使用 shell 运行命令，则必须使用 JSON 数组格式表达命令，并给出可执行文件的完全路径。

CMD 指令还可以作为 ENTRYPOINT 的默认参数，例如：

CMD ["param1","param2"]

如果 CMD 指令用于为 ENTRYPOINT 指令提供默认参数，则 CMD 指令和 ENTRYPOINT 指令都应使用 JSON 数组格式指定。如果使容器每次都运行相同的可执行文件，则应考虑结合使用 ENTRYPOINT 指令和 CMD 指令。

CMD 指令还有一种 shell 形式：

CMD command param1 param2

如果使用 shell 形式的 CMD 指令，则将在<command>执行/bin/sh -c 命令。

RUN 指令和 CMD 指令的区别在于，RUN 指令在构建镜像时就运行命令并提交运行结果，而 CMD 指令在构建镜像时不执行任何操作，只指定镜像的默认命令。CMD 指令指定的程序可以被 docker run 命令行参数中指定要运行的程序覆盖。容器中的应用必须在前台执行，程序运行结束，容器也结束。不能使用虚拟机中后台服务的命令（service/systemctl）来启动容器，否则容器执行后就会退出。需要采用 exec 形式直接运行命令，例如：

CMD ["nginx", "-g", "daemon off;"]

4．ENTRYPOINT 指令

ENTRYPOINT 指令允许将配置作为可执行文件运行的容器，ENTRYPOINT 指令的功能和 CMD 指令相同，都是指定容器运行程序及参数，如果 Dockerfile 中存在多个 ENTRYPOINT 指令，仅最后一个生效。exec 形式的语法格式如下：

ENTRYPOINT ["executable", "param1", "param2"]

exec 形式的 ENTRYPOINT 指令在执行 docker run image 命令时，命令行参数将附加在 ENTRYPOINT 指令指定的所有元素之后，并覆盖使用 CMD 指令指定的所有参数。允许将参数传递给 ENTRYPOINT 指令，即将 docker run image -d 命令中的-d 选项传递给 ENTRYPOINT 指令。可以使用 docker run --entrypoint 命令覆盖 ENTRYPOINT 指令。shell

形式的语法格式如下：

ENTRYPOINT command param1 param2

shell 形式的 ENTRYPOINT 指令可以防止使用任何 CMD 指令或运行命令行带入的参数，但缺点是 ENTRYPOINT 指令将作为/bin/sh -c 命令的子命令启动，该子命令不会传递信号。这意味着可执行文件将不会是容器的 PID 1，也不会接收 UNIX 信号，因此可执行文件将不会从 docker stop <container>命令接收信号。在执行 docker run 命令时可以指定运行 ENTRYPOINT 指令所需的参数。在构建 Dockerfile 时，可以结合使用 ENTRYPOINT 指令和 CMD 指令，使在创建并启动 Dockerfile 时执行的命令更加灵活。示例如下：

```
[ root@master mydocker]# cat Dockerfile
FROM ubuntu
ENTRYPOINT ["top", "-b"]
CMD ["-c"]
```

ENTRYPOINT 指令与 CMD 指令的交互原则：Dockerfile 至少应制定一个 ENTRYPOINT 或 CMD 指令。当需要把容器作为一个可执行文件时，应定义 ENTRYPOINT 指令。CMD 指令应该作为在容器中定义 ENTRYPOINT 指令或执行临时命令的默认参数。当使用替代参数运行容器时，CMD 指令被覆盖。

5. ADD 指令

ADD 指令的功能是将指定<src>复制到容器中的<dest>，可以把文件、目录或 URL 地址下载内容复制到镜像的指定位置。ADD 指令的语法格式如下：

ADD [--chown=<user>:<group>] <src>. . . <dest>

ADD [--chown=<user>:<group>] ["<src>",. . . "<dest>"]

<dest>路径可以是容器中的绝对路径，也可以是相对路径。<src>可以是一个本地文件或本地压缩文件，也可以是一个 URL。如果把<src>写成 URL，ADD 指令就类似于 wget 命令。将下载的内容复制到指定位置，尽量不要把<src>写成文件夹，否则会复制整个目录的内容，包括文件系统元数据。当压缩格式为 gzip、bzip2 及 xz 时，ADD 指令会自动将其解压缩并复制。

注意：不能对构建目录或上下文之外的文件使用 ADD 指令，如果复制的目标文件不存在，则会自动创建目标文件，ADD 指令会使构建缓存无效。ADD 指令并不实用，不推荐使用，如果只进行复制文件操作，就推荐使用 COPY 指令。

6．COPY 指令

COPY 指令的功能是将本地主机的<src>（Dockerfile 所在目录的相对路径）复制到容器中的<dest>，可以把文件或目录复制到镜像中。COPY 指令的语法格式如下：

COPY [--chown=<user>:<group>] <src>. . . <dest>

COPY [--chown=<user>:<group>] ["<src>",. . . "<dest>"]

COPY 指令将上下文目录中指定路径下的文件或文件夹复制到新一层镜像的指定路径下。[--chown=<user>:<group>]为可选参数，用户可以通过参数改变复制到容器中的文件的所有者和属组。<src>路径可以是多个，甚至可以是通配符，其通配规则只需要满足 Go 语言的 filepath.Math 规则即可。<dest>路径是容器中的绝对路径，也可以是工作目录下的相对路径，工作目录可以使用 WORKDIR 指令进行指定。<dest>路径不需要事先创建，Docker 会自动创建所需的文件目录。示例如下：

```
[root@master ~]# cat Dockerfile
#将当前目录下的test1.py和test2.py复制到/test/
COPY ./test1.py  ./test2.py  /test/
#将当前目录下以t开头的.py文件复制到/test/
COPY ./t*.py  /test/
#[--chown=<user>:<group>]参数的用法
COPY -- chown=55:mygroup files* /somedir/
COPY -- chown=bin files* /somedir/
COPY -- chown=1 files* /somedir/
COPY -- chown=10:11 files* /somedir/
```

使用 COPY 指令会复制源路径的文件的所有元数据，如读、写、指定全选、时间变更等。如果源路径是一个目录，则会将整个目录复制到容器中，包括文件系统元数据。

7．EXPOSE 指令

EXPOSE 指令通知 Docker 容器在运行时侦听指定的网络端口，同时在 TCP、UDP 上暴露端口，如果未指定协议，则默认为 TCP。使用 EXPOSE 指令暴露端口更像是指明该容器提供的服务需要用到的端口，并不会直接将端口自动和宿主机某个端口建立映射关系。EXPOSE 指令的语法格式如下：

EXPOSE <port> [<port>/<protocol>. . .]

示例如下：

```
[root@master ~]# cat Dockerfile
```

```
#常用语法
EXPOSE 80
#声明协议
EXPOSE 80/tcp
EXPOSE 80/udp
```

在 Dockerfile 中这样声明有两个好处：帮助镜像使用者更好地理解这个镜像服务的守护端口；在运行时使用随机端口映射，也就是执行 docker run -p 命令时，会自动随机映射 EXPOSE 端口。EXPOSE 指令实际上并不发布端口，它充当构建镜像的人员和运行容器的人员之间的一个关于打算发布哪些端口的文档。如果想在运行容器时实际发布端口，请使用 docker run 命令的-p 选项发布和映射一个或多个端口，或使用-P 选项发布所有暴露的端口并将它们映射到高阶端口。

8. VOLUME 指令

VOLUME 指令创建一个具有指定名称的挂载点，一个卷是可以存在于一个或多个容器内的特定的目录，这个目录可以绕过联合文件系统，并提供共享数据或对数据进行持久化的功能。如果在启动容器时忘记挂载数据卷，则会自动挂载到匿名卷。VOLUME 指令的语法格式如下：

VOLUME ["/data"]

["/data"]可以是一个 JSON 数组 ，也可以是多个值，示例如下：

```
[root@master ~]# cat Dockerfile
FROM ubuntu
RUN  mkdir  /myvol
RUN  echo "hello world" > /myvol/greeting
VOLUME  /MYVOL
```

在启动容器，也就是执行 docker run 命令时，我们可以通过-v 选项修改挂载点。容器存储层应该保持无状态化，容器运行时应尽量保持容器中不发生任何写入操作；对于需要保存动态数据的应用，其数据文件应该将其保存在数据卷中。

9. ENV 指令

ENV 指令的功能是设置环境变量。ENV 指令的语法格式如下：

ENV <key> <value>   #一次设置一个环境变量

ENV <key1>=<value1> <key2>=<value2>. . .   #一次设置多个环境变量

示例如下：

```
[root@master ~]# cat Dockerfile
#一次设置一个环境变量
ENV myName John Doe
#一次设置多个环境变量
ENV myName="John Doe" myDog=Rex\ The\ Dog \
```

在 Dockerfile 中定义环境变量，将这个 Dockerfile 构建成镜像，然后以此镜像为基础创建并启动一个容器，在容器中，仍然可以调用这个环境变量。使用 docker inspect 命令查看变量值，使用 docker run --env <key>=<value>命令更改环境变量。

10．ARG 指令

ARG 指令的功能是设置镜像内参数，它与 ENV 指令的作用一致，都是设置环境变量，但作用域不同。ARG 设置的环境变量仅在 Dockerfile 内有效，且仅在构建镜像的过程中有效，构建好的镜像内不存在此环境变量。ARG 指令的语法格式如下：

ARG <name>[=<default value>]

示例如下：

```
[root@master ~]# cat Dockerfile
FROM busybox
ARG user1=someuser
ARG buildno=1
```

ARG 指令的信息可以使用 docker history 命令查看，ARG 指令的构建参数可以使用 docker run 命令中的--build-arg 选项覆盖。

11．WORKDIR 指令

WORKDIR 指令为后续的 RUN、CMD、ENTRYPOINT 指令指定工作目录。WORKDIR 指令的语法格式如下：

WORKDIR /path/to/workdir

示例如下：

```
[root@master ~]# cat Dockerfile
WORKDIR /a
WORKDIR b
WORKDIR c
RUN pwd
```

在使用 WORKDIR 指令指定工作目录时，各层操作的当前目录就是指定目录。如果该目录不存在，那么 WORKDIR 指令会自动创建目录。使用 docker run 命令创建和启动容器之后，目录被自动切换到使用 WORKDIR 指令指定的目录。WORKDIR 指令还可以为特定的指令指定不同的工作目录，最终容器会切换到最后一次 WORKDIR 指令指定的目录。WORKDIR 指令可以使用 docker run 命令中的-w 选项覆盖。

12．USER 指令

USER 指令设置启动容器的用户或用户组（用户和用户组必须已经存在）。USER 指令的语法格式如下：

USER <user>[:<group>]

USER <UID>[:<GID>]

示例如下：

```
[root@master ~]# cat Dockerfile
USER user1
USER user2:group1
```

USER 指令可以使用 docker run 命令中的-u 选项覆盖。

13．LABEL 指令

LABEL 指令的功能是为镜像指定标签，LABEL 指令的语法格式如下：

LABEL <key>=<value> <key>=<value> <key>=<value>…

示例如下：

```
[root@master ~]# cat Dockerfile
LABEL  com.example.label-with-value="foo"
LABEL  version="1.0"
LABEL  description="a container is used to test"
```

LABEL 指令后面是键值对，多个键值对使用空格隔开，如果 LABEL 值中包含空格，请使用引号和反斜杠标注 value。Dockerfile 的每一个指令都会构建新的一层镜像，因此，LABEL 指令可以写成一条，用空格隔开。

注意：这里的标签不是镜像名称中的<仓库>:<标签>。

14. MAINTAINER 指令

MAINTAINER 指令的功能是指定生成镜像的作者名称，MAINTAINER 指令的语法格式如下：

MAINTAINER <name>

MAINTAINER 指令已经被弃用，可以使用 LABEL 指令进行替代。例如：

LABEL maintainer="SvenDowideit@home.org.au"

3.4 使用命令管理镜像

3.4.1 在 Docker Hub 上查找并拉取镜像

Docker 官方维护了一个公共仓库 Docker Hub，其中包括上百万个镜像，用户的大部分需求都可以通过在 Docker Hub 中直接下载镜像来满足。此操作在 master 节点完成，如果在私网环境中无法访问公网，就可以直接使用课程提供的资源。BusyBox 是一个集成了 100 多个常用 Linux 命令和工具的软件，但只有 1MB 左右的大小。

使用 docker search 命令在 Docker Hub 上查找 BusyBox 最新版本的镜像并查看镜像的情况。使用 docker pull 命令拉取最新的 BusyBox 官方镜像并查看拉取过程。运行过程如下：

```
[root@master ~]# docker search busybox
NAME     DESCRIPTION               STARS   OFFICIAL AUTOMATED
Busybox Busybox base image.      1734      [OK]
……
arm32v5/busybox  Busybox base image. 0
[root@master ~]# docker pull busybox
Using default tag: latest
latest: Pulling from library/busybox
0f8c40e1270f: Pull complete
Digest: sha256:1303dbf110c57f3edf68d9f5a16c082ec06c4cf7604831669faf2c712260b5a0
Status: Downloaded newer image for busybox:latest
docker.io/library/busybox:latest
[root@master ~]#
```

3.4.2 保存、删除、载入镜像

docker images 命令与 docker image ls 命令等效。docker rmi 命令与 docker image rm 等

效。docker save 命令和 docker load 命令成对使用，docker save 命令将本地库中的镜像保存到本地文件系统，docker load 命令加载使用 docker save 命令导出的镜像文件。

使用 docker images 命令查看本地镜像库中的镜像情况；使用 docker save 命令将 busybox 镜像保存到本地；使用 docker rmi 命令在本地镜像库中删除 busybox 镜像（可以使用镜像名称，或镜像标签能唯一标识镜像的前几位来指定镜像）。运行过程如下：

```
[root@master ~]# docker images
REPOSITORY    TAG       IMAGE ID        CREATED        SIZE
mycentos7     v1.0      f5d6a57afd25    3 days ago     203MB
Scratch       latest    9e6d4f93d3f4    3 days ago     0B
busybox       latest    020584afccce    4 weeks ago    1.22MB
[root@master ~]# docker save -o busybox.tar busybox
[root@master ~]# ls
~  anaconda-ks.cfg  busybox.tar
[root@master ~]# docker rmi busybox
Untagged: busybox:latest
Untagged: busybox@sha256:1303dbf110c57f3edf68...
Deleted: sha256:020584afccce44678ec82676db80f...
Deleted: sha256:1da8e4c8d30765bea127dc2f11a17...
```

使用 docker images -a 命令查看所有镜像（包含中间层镜像）；使用 docker load 命令加载之前保存的 busybox 镜像文件；使用 docker image ls 命令查看本地镜像库中 busybox 镜像的情况。运行过程如下：

```
[root@master ~]# docker images -a
REPOSITORY          TAG           IMAGE ID            CREATED             SIZE
mycentos7           v1.0          f5d6a57afd25        3 days ago          203MB
<none>              <none>        1c1e5054f4e8        3 days ago          203MB
scratch             latest        9e6d4f93d3f4        3 days ago          0B
[root@master ~]# docker load  <  busybox.tar
1da8e4c8d307: Loading layer  1.437MB/1.437MB
Loaded image: busybox:latest
[root@master ~]# docker image ls
REPOSITORY          TAG           IMAGE ID            CREATED             SIZE
busybox             latest        020584afccce        4 weeks ago         1.22MB
mycentos7           v1.0          f5d6a57afd25        3 days ago          203MB
scratch             latest        9e6d4f93d3f4        3 days ago          0B
[root@master ~]#
```

3.4.3 查看镜像创建历史及镜像列表

docker history 命令用来查看指定镜像的创建历史，再现完整构建的命令。

使用 docker history 命令查看 busybox 镜像的创建历史；使用 docker image 命令查看本地镜像库中的虚悬镜像。运行过程如下：

```
[root@master ~]# docker history busybox
IMAGE           CREATED          CREATED BY                             SIZE     COMMENT
020584afccce    4 weeks ago    /bin/sh -c #(nop) CMD ["sh"]             0B
<missing>       4 weeks ago    /bin/sh -c #(nop) ADD file:1141b81e5149cc37c...   1.22MB
[root@master ~]# docker image ls -f dangling=true
REPOSITORY  TAG    IMAGE ID    CREATED      SIZE
[root@master ~]#
```

3.4.4 运行镜像

docker run 命令是创建并运行一个新容器的命令，可以设置多种容器运行方式和配置，包括运行模式（后台/交互）、端口映射、容器名称、DNS、主机名、环境变量、CPU/内存配置、网络、容器链接、端口开放、存储卷等。

使用 docker run 命令在前台运行 busybox 容器；进入容器查看文件系统目录，并使用 exit 命令退出容器；使用 docker run 命令在后台运行 busybox 容器，并设置为自动重启；使用 docker ps -a 命令查看所有容器，注意容器状态的不同。运行过程如下：

```
[root@master ~]# docker run -it --name bb busybox
/ # ls
bin  dev  etc  home  proc  root  sys  tmp  usr  var
/ # exit
[root@master ~]# docker run -d --name bb1 --restart  always  busybox
A8523192873138e4c617b4714fd572e5624038235e98a21...
[root@master ~]# docker ps -a
CONTAINER ID    IMAGE     COMMAND   CREATED           STATUS         PORTS          NAMES
a85231928731    busybox    "sh"    13 seconds ago  Restarting(0)  1 second ago     bb1
cc63115c0088    busybox    "sh"    41 seconds ago  Exited(0)     30 seconds ago    bb
[root@master ~]#
```

3.4.5 使用 docker build 命令构建镜像

docker build 命令是使用 Dockerfile 创建镜像的命令，可以设置镜像创建时的变量、CPU

使用特性、内存使用特性、Dockerfile 路径、镜像的名称和标签，以及镜像生成过程中的其他配置。

使用 docker build 命令创建镜像，并指定镜像标签和使用的 Dockerfile 文件，观察镜像生成的步骤和 Dockerfile 指令的关系。运行过程如下：

```
[root@master centos7]# docker  build --tag test-image:v1.0  -f  ./Dockerfile  .
Sending build context to Docker daemon  43.27MB
Step 1/3 : FROM scratch
 --->
Step 2/3 : ADD centos-7-x86_64-docker.tar.xz /
 ---> Using cache
 ---> 1c1e5054f4e8
Step 3/3 : CMD ["/bin/bash"]
 ---> Using cache
 ---> f5d6a57afd25
Successfully built f5d6a57afd25
Successfully tagged test-image:v1.0
[root@master centos7]#
```

3.4.6　使用 docker commit 命令构建镜像

docker commit 命令从容器创建一个新的镜像，并将容器运行过程的改变（容器的存储层）保存到镜像中。docker commit 命令在容器中操作麻烦、效率较低，且不能记录容器的构建过程，在实际环境中应用少。

使用 docker run 命令在前台运行 busybox 容器；进入容器，先新建目录，然后退出；使用 docker commit 命令，把上一步运行的容器构建成镜像，并指定作者和信息；使用 docker run 命令在前台运行使用 docker commit 命令构建的新容器；进入容器，检查已创建目录的情况。运行过程如下：

```
[root@master centos7]# docker run --name mybusybox -it busybox
/ # mkdir /home/helei
/ # exit
[root@master centos7]#docker commit --author "helei" --message "mkdir helei"
mybusybox busybox:v1
sha256:4601354db66a3a57bb33d2c17c71b5...
[root@master centos7]# docker run -it busybox:v1
/ # ls home
helei
/ # exit
```

```
[root@master centos7]# docker images
REPOSITORY         TAG           IMAGE ID          CREATED              SIZE
busybox            v1            4601354db66a      About a minute ago   1.22MB
busybox            latest        020584afccce      4 weeks ago          1.22MB
```

3.5 使用 Dockerfile 构建 Nginx 镜像

3.5.1 下载 Nginx 安装包

此操作在 master 节点完成。准备工作目录，并从 Nginx 官网下载 Nginx 安装包（也可直接使用课程提供的资源）。工作目录的规划对镜像的管理非常重要，工作目录一般包括 system、runtime、application 三个二级目录。创建 Docker 工作目录/home/docker/runtime/nginx；在 Nginx 当前目录，使用 wget 下载 Nginx 的 1.14.0 版本安装包。运行过程如下：

```
[root@master ~]# mkdir -p /home/docker/runtime/nginx
[root@master ~]# cd /home/docker/runtime/nginx/
[root@master nginx]# wget -c https://nginx.org/download/nginx-1.14.0.tar.gz
--2019-11-28 20:26:58-- https://nginx.org/download/nginx-1.14.0.tar.gz
Resolving nginx.org (nginx.org)... 95.211.80.227, 62.210.92.35,
2001:1af8:4060:a004:21::e3
......
2019-11-28 20:28:08 (14.5 KB/s) - 'nginx-1.14.0.tar.gz' saved [1016272/1016272]
[root@master nginx]# ls
nginx-1.14.0.tar.gz
[root@master nginx]#
```

3.5.2 准备 vim 的网络安装源和 repo 文件

使用 master 节点上已经启动的 httpd 服务提供 CentOS 7 网络安装服务，配置安装源，编写镜像中使用的 repo 文件。

在 httpd 服务的网页根目录/var/www/html 下创建 CentOS 7 网络安装源目录；将安装光盘挂载到该目录下；编写镜像中使用的 repo 文件，指定 baseurl 为 Docker 服务器的 CentOS 7 网络安装源目录。运行过程如下：

```
[root@master nginx]# mkdir /var/www/html/centos7
[root@master nginx]# mount /dev/sr0 /var/www/html/centos7/
mount: /dev/sr0 is write-protected, mounting read-only
[root@master nginx]#
```

```
[root@master nginx]# vim centos.repo
[centos7-network]
name=centos 7 network repo
baseurl=http://192.168.247.99/centos7/
gpgcheck=0
```

3.5.3　编写 Dockerfile 文件

编写 Dockerfile 文件，包括备注、维护者信息，指明基础镜像，复制 repo 文件并生成安装源缓存，安装编译安装软件，安装 Nginx 运行环境软件，复制并解压缩 Nginx 安装包，指定工作目录，编译安装 Nginx，指定环境变量，生成主页文件，暴露端口，启动服务。说明如下。

FROM mycentos7:v1.0：指明基础镜像。

MAINTAINER：维护者信息。

COPY：复制 repo 文件并生成安装源缓存。

RUN rm -f：安装编译安装软件。

RUN yum install -y：安装 Nginx 运行环境软件（PCRE、zlib，如果使用 https，则需要安装 ssl）。

ADD：复制并解压缩 Nginx 安装包。

WORKDIR：指定工作目录。

RUN ./congigure：编译安装 Nginx。

ENV：指定环境变量。

RUN echo：生成主页文件。

EXPOSE：暴露端口。

CMD：启动服务。

运行过程如下：

```
[root@master nginx]# cat Dockerfile
# nginx 1.14.0 based mycentos7:v1.0
FROM mycentos7:v1.0
MAINTAINER lei_ho@sina.com
COPY centos.repo /etc/yum.repos.d/
```

```
RUN rm -f /etc/yum.repos.d/C* && yum clean all && yum makecache
RUN yum install -y gcc gcc-c++ make && yum install -y pcre pcre-devel && yum install
-y zlib zlib-devel
ADD nginx-1.14.0.tar.gz /usr/share/
WORKDIR /usr/share/nginx-1.14.0/
RUN ./configure &&  make && make install
ENV PATH=$PATH:/usr/local/nginx/sbin/
RUN echo 'My Nginx based Docker.' > /usr/local/nginx/html/index.html
EXPOSE 80
CMD ["nginx", "-g", "daemon off;"]
```

3.5.4 构建 Nginx 镜像

docker build 命令使用 Dockerfile 配置文件，按步骤逐层构建 Nginx 镜像。使用 docker build 命令，通过 Dockerfile 文件构建 Nginx 镜像，指定镜像名称，并在构建成功后打上标签。运行过程如下：

```
[root@master nginx]# docker build -t mynginx:v1.0  .
Sending build context to Docker daemon  1.021MB
Step 1/12 : FROM mycentos7:v1.0
 ---> f5d6a57afd25
Step 2/12 : MAINTAINER lei_ho@sina.com
 ---> Running in 7e51e29c9378
......
Step 12/12 : CMD ["nginx", "-g", "daemon off;"]
 ---> Running in ac9cf38670fa
Removing intermediate container ac9cf38670fa
 ---> 51b8f087f0d7
Successfully built 51b8f087f0d7
Successfully tagged mynginx:v1.0
[root@master nginx]#
```

3.5.5 运行 Nginx 容器并访问验证

在后台运行 Nginx 容器，并指定端口映射。访问 Nginx 服务主页，验证是否能正确访问。使用 docker run 命令在后台运行容器，指定容器名称、端口映射（外部访问 8888 端口）。使用 curl 命令，通过 master 主机的 IP 地址和 8888 端口，访问 Nginx 服务主页，并显示写入镜像的主页内容。运行过程如下：

```
[root@master nginx]# docker run --name nginxserver1 -d -p 8888:80 mynginx:v1.0
a6131a2eeba04dda74ec54935865ef2f47dc02da6cc1cc5e98081b9aa8a1ef98
```

```
[root@master nginx]#
[root@master nginx]# curl 192.168.10.101:8888
My Nginx based Docker.
```

本章练习题

一、单选题

1．列出所有镜像的命令是（　　）。

A．docker images ls -a

B．docker images -a

C．docker ls -a

D．docker image -a

2．docker image pull 命令的含义是（　　）。

A．将镜像从本地推送到注册服务器

B．从本地拉取镜像

C．将镜像从注册服务器推送到 Docker Hub

D．从注册服务器拉取镜像

3．在 docker image build 命令中，为镜像命名标签需要的选项是（　　）。

A．-f　　B．-t

C．-tag　　D．-m

4．移除镜像的命令是（　　）。

A．docker image rmi　　B．docker images rmi

C．docker rm　　D．docker rmi

5．显示镜像细节信息的命令是（　　）。

A．docker inspect　　B．docker image history

C．docker image prune　　D．docker info

二、填空题

1．在 Dockerfile 中，指定基础镜像的指令为（　　）。

2．在 Dockerfile 中，运行指定的命令的指令为（　　）。

3．在 Dockerfile 中，指定容器启动时运行的命令的指令为（　　）、（　　）。

4．在 Dockerfile 中，为镜像指定标签的指令为（　　）。

5．在 Dockerfile 中，指定维护者的指令为（　　）。

6．在 Dockerfile 中，暴露容器运行时的监听端口给外部的指令为（　　）。

7．在 Dockerfile 中，设置环境变量的指令为（　　）、（　　）。

8．在 Dockerfile 中，把文件复制到镜像中的指令为（　　）、（　　）。

9．在 Dockerfile 中，实现文件夹挂载功能的指令为（　　）。

10．在 Dockerfile 中，设置工作目录的指令为（　　）。

三、多选题

1．关于基础镜像，以下说法中正确的是（　　）。

A．完全从零开始构建
B．需要提供内核空间和用户空间
C．包含完整的 rootfs 文件系统
D．通常是各种操作系统的发行版本

2．关于镜像层级管理，以下说法中正确的是（　　）。

A．每个镜像都独立保存完整的镜像内容
B．镜像通过联合文件系统进行层级管理
C．多层镜像通常由基础镜像扩展而来
D．镜像中每安装一个软件就增加一层

3．Docker 镜像存储的内容包括（　　）。

A．镜像层文件　　B．镜像 JSON 文件
C．内核空间　　D．bootfs

4．关于镜像体积，以下说法中正确的是（　　）。

A．Docker Hub 中显示的体积大于镜像下载过程中的体积
B．Docker Hub 中显示的体积大于下载到本地通过 docker images 命令显示的体积
C．本地通过 docker images 命令显示的体积大于实际的存储空间
D．本地通过 docker images 命令显示的体积等于镜像各层展开后各层所占空间总和

5．无标签的镜像有（　　）。

A．虚悬镜像　　B．中间层镜像

C．基础镜像　　D．操作系统镜像

6．可以随意删除的镜像有（　　）。

A．虚悬镜像　　B．中间层镜像

C．基础镜像　　D．操作系统镜像

7．Docker CLI 可提供以下哪些对象之间的交互（　　）。

A．镜像

B．容器

C．注册服务器

D．Dockerfile

8．Dockerfile 的指令一般分为哪几个部分（　　）。

A．基础镜像（父镜像）信息指令

B．维护者信息指令

C．镜像操作指令

D．容器启动指令

9．下列说法中正确的是（　　）。

A．Dockerfile 中只能有一个有效的 CMD 指令

B．CMD 在构建镜像时被执行

C．容器在运行时，可以指定新的指令来替代 CMD 指令

D．容器中的应用都必须在后台执行

项目 4
Docker 容器管理

项目导入

工程师小刘负责做出一套规范性的手册，以供团队成员学习容器技术的基本使用方法，手册的第二部分主要包括容器技术的介绍和使用管理。容器是运行 Docker 应用的关键，对容器进行操作，首先要熟悉 Docker 容器的基本知识，在已搭建好的 Docker 系统测试环境中，对 Nginx 容器进行管理操作。

职业能力目标和要求

- 掌握容器运行的实现。
- 了解容器使用的最佳实践。
- 熟悉 docker 容器主要命令的构成和基本功能。
- 掌握 docker run/start/stop/restart/kill/rm/pause/unpause /wait/create/exec/commit 等容器生命周期管理命令。
- 掌握 docker ps/attach/inspect /top/logs/export/port/cp 等容器操作管理命令。
- 能够使用常用的 docker 命令管理容器。

4.1 Docker 容器基本知识

4.1.1 容器的基本信息

容器是一个标准化的软件单元，它将代码及其所有依赖关系打包，以便应用程序可靠、快速地在另一个计算环境中运行。容器实质上就是进程，但与直接在主机上运行的进程不同，容器进程运行在属于自己的独立的名字空间内，因此容器可以具有自己的 root 文件系统、网络配置、进程空间、用户 ID 空间。容器中的进程运行在一个隔离的环境中，使用起来就像在一个独立于宿主的系统中操作一样，因此容器具有封装性，与直接在宿主中运行相比，在容器中运行更加安全。

容器是 Docker 的一个核心概念。Docker 作为一个开源的应用容器引擎，让开发者可以以统一的方式打包他们的应用及依赖关系到一个可移植的容器中，然后发布到任何安装了 Docker 引擎的服务器上（包括流行的 Linux 机器、Windows 机器），也可以实现虚拟化。容器完全使用沙盒机制，相互之间不会有任何接口，几乎没有性能开销，可以很容易地在机器和数据中心中运行，最重要的是，容器不依赖于任何语言、框架或系统。

Docker 容器与其他的容器技术是类似的。但是，Docker 在一个单一的容器中捆绑了关键的应用程序组件，这也就让这些容器可以在不同平台和云计算之间运行，实现便携性。其结果就是，Docker 成为需要实现跨多个不同环境运行的应用程序的理想容器技术。Docker 还可以让使用微服务的应用程序得益，微服务就是把应用程序分解成为专门开发的更小服务，这些服务使用通用的 RESTful API 来进行交互。使用完全封装 Docker 容器的开发人员可以针对使用微服务的应用程序开发出一个更为高效的分发模式。

4.1.2 容器与虚拟机的比较

在进行容器与虚拟机的比较前，我们先了解一下什么是虚拟机。虚拟机（Virtual Machine）是指通过软件模拟的具有完整硬件系统功能的运行在一个完全隔离环境中的完整的计算机系统。在实体机中能够完成的工作都能在虚拟机中实现。在计算机中创建虚拟机时，需要将实体机的部分硬盘和内存容量作为虚拟机的硬盘和内存容量。每个虚拟机都有独立的 CMOS、硬盘和操作系统，可以像使用实体机一样对虚拟机进行操作。

虚拟机会将虚拟硬件、内核（即操作系统）及用户空间打包在新虚拟机当中，虚拟机能够利用虚拟机管理程序在物理设备上运行。虚拟机依赖于 Hypervisor（又称虚拟机监视器，缩写为 VMM，是用来建立与执行虚拟机的软件、固件或硬件），Hypervisor 通常被安装在“裸金属”系统硬件之上，这导致 Hypervisor 在某些方面被认为是一种操作系统。一旦 Hypervisor 安装完成，就可以从系统可用计算资源当中分配虚拟机实例了，每台虚拟机都能够获得唯一的操作系统和负载（应用程序）。

在 Docker 容器中，就容器环境而言，使用容器不需要安装主机操作系统，而是直接将容器层安装在主机的操作系统之上。在安装完容器层之后，就可以从系统可用计算资源当中分配容器实例了，并且企业应用可以被部署在容器中。但是，每个容器化应用都会共享相同的操作系统(单个主机的操作系统)。容器可以看成一个安装了一组特定应用的虚拟机，它直接利用了宿主机的内核，抽象层比虚拟机更少，更加轻量化，启动速度极快。

相比于虚拟机，容器拥有更高的资源使用效率，因为它并不需要为每个应用分配单独的操作系统，实例规模更小，创建和迁移速度也更快。这意味着，相比于虚拟机，单个操作系统能够承载更多的容器。云提供商十分热衷于容器技术，因为在相同的硬件设备当中，可以部署数量更多的容器实例。此外，容器易于迁移，但是只能被迁移到具有兼容操作系统内核的服务器中。

在前面的任务学习中，我们得知了 Docker 有着小巧，迁移、部署快速，运行高效等特点，但隔离性比服务器虚拟化差。容器不像虚拟机那样对内核或虚拟硬件进行打包，所以每个容器都拥有自己的用户空间，从而使多套容器能够在同一主机系统中运行。所有操作系统层级的架构都可实现跨容器共享，唯一需要独立构建的就是二进制文件与库，因此，容器拥有极为出色的轻量化特性。

4.1.3 容器与镜像的比较

镜像可以看成一个由多个镜像层叠加起来的文件系统（通过 UnionFS 与 AUFS 文件联合系统实现），镜像层也可以简单理解为一个基本的镜像，而每个镜像层之间通过指针的形式进行叠加。镜像是多个只读层的统一视角，除了底层没有指向，其他每一层都指向它的父层。统一文件系统能够将不同的层整合成一个文件系统，为这些层提供了一个统一的视角，这样就隐藏了多层的存在。从用户的角度来看，只存在一个文件系统。镜像的每一层都是不可写的，都是只读层。

一个 Docker 镜像可以构建于另一个 Docker 镜像之上，这种层叠关系可以是多层的。第一层的镜像我们称之为基础镜像，其他层的镜像（除了顶层）我们称之为父层镜像。这些镜像继承了它们父层镜像的所有属性和设置，并在 Dockerfile 中添加了自己的配置。

容器的定义和镜像几乎一模一样，也是多个层的统一视角，唯一区别在于容器的顶层是可读写的。容器由镜像和读写层共同组成，并且容器的定义并没有提及是否要运行容器。镜像和容器的关系就像面向对象程序设计中的类和实例一样，镜像是一种静态的定义，容器是镜像运行时的实体，容器是可以被创建、启动、停止、删除和暂停的。

4.2　Docker 容器的运行规则

4.2.1　容器运行的基本原理

我们在使用命令运行容器前，要先了解一下命令运行的原理。在使用命令运行容器时，Docker 客户端会告知 Docker 守护进程。以# docker run -i -t ubuntu /bin/bash 为例，Docker 客户端要运行一个容器，需要告诉 Docker 守护进程的最小参数信息：第一，这个容器从哪个镜像创建，这里是 ubuntu 镜像；第二，在容器中要执行的命令，这里是/bin/bash，即在容器中运行 Bash shell。

docker run 命令是运行容器的主要命令，以#docker run -i -t ubuntu/bin/bash 为例，执行命令后在底层依次完成如下操作。

（1）拉取 ubuntu 镜像。Docker 检查 ubuntu 镜像是否存在，如果在本地没有该镜像，Docker 会从 Docker Hub 下载。

（2）创建新的容器。Docker 有了这个镜像之后，会用它来创建一个新的容器。

（3）分配文件系统并挂载一个可读写的层。容器会在这个文件系统中创建一个可读写的层，并添加到镜像上。

（4）分配网络/桥接接口。创建一个允许容器与本地主机通信的网络接口。

（5）设置一个 IP 地址。从地址池中寻找一个可用的 IP 地址并附加到容器上。

（6）运行指定的程序。

（7）捕获并且提供应用输出。连接并记录标准输出、输入和错误以展示程序如何运行。

通过以上步骤成功运行 Docker 容器后，我们就可以对容器进行各种管理操作了。

4.2.2　容器使用的最佳实践

许多开发者依然像对待典型的虚拟机那样对待容器，似乎忘记了除了与虚拟机相似的部分，容器还有一个很大的优点：它是一次性的。这个特性促使开发者改变他们使用和管理容器的习惯。使用容器需要注意以下几点。

（1）不要在容器中存储数据。容器可能被停止、销毁或替换。一个在容器中运行的程序版本，应该很容易被新版本替换且不影响或损失数据。因此，如果需要存储数据，要存储在卷中，并且注意如果两个容器在同一个卷上写入数据会导致崩溃。确保应用被设计成在共享数据存储上写入数据。

（2）不要在容器中发布应用。一些人将容器视为虚拟机，认为他们应该在现有的运行容器里发布自己的应用。这种做法在开发阶段是对的，因为在开发阶段需要不断地部署与调试。但对于质量保证或生产中一个连续部署的管道，应用应该成为镜像的一部分，而容器应该保持不变。

（3）不要创建超大镜像。一个超大镜像只会难以分发。确保仅有运行应用/进程必需的文件和库，不要安装不必要的包或在创建中运行更新（yum 更新）。

（4）不要使用单层镜像。要更合理地使用分层文件系统，始终为操作系统创建自己的基础镜像层，一层为安全和用户定义，一层为库的安装，一层为配置，最后一层为应用。这将易于重建和管理一个镜像，也易于分发。

（5）不要为运行中的容器创建镜像。不要使用 docker commit 命令来创建镜像。这种创建镜像的方法是不可重现的，也不能版本化。始终使用 Dockerfile 或其他可完全重现的方法创建镜像。

（6）不要只使用“最新”标签。标签是被鼓励使用的，尤其是在有一个分层的文件系统时。要避免顶层的分层被非向后兼容的新版本替换，或者创建缓存中有一个错误的“最新”版本。在生产中部署容器时应避免使用“最新”标签。

（7）不要在单一容器中运行超过一个进程。容器能完美地运行单个进程（http 守护进程、应用服务器、数据库等），如果运行多个进程，管理、获取日志、独立更新都会遇到麻烦。

（8）不要在镜像中存储凭据，要使用环境变量。不要将镜像中的任何用户名/密码写死，而是使用环境变量从容器外部获取此信息。

（9）使用非 root 用户权限运行进程。Docker 容器默认以 root 用户权限运行。但随着 Docker 的成熟，更多的安全默认选项变得可用。请求 root 对其他人来说是危险的，可能无法在所有环境中可用。镜像应该使用 USER 指令指定容器的一个非 root 用户来运行。

（10）不要依赖 IP 地址。每个容器都有自己的内部 IP 地址，如果启动然后停止容器，内部 IP 地址可能会发生变化。如果应用或微服务需要与其他容器通信，应使用命名或环境变量进行信息传递。

4.3　Docker 容器的主要命令

Docker 容器的主要操作命令如表 4.1 所示。

表 4.1　Docker 容器的主要命令

命　令	描　述
docker attach	将本地标准输入、输出和错误流附加到正在运行的容器
docker commit	根据容器的更改创建新镜像
docker cp	在容器和本地文件系统之间复制文件或文件夹
docker create	创建一个新的容器
docker diff	在容器文件系统检查文件或目录的变化
docker exec	在运行的容器中运行命令
docker export	将容器的文件系统导出为 tar 存档
docker inspect	获取容器/镜像的元数据
docker kill	终止一个或多个正在运行的容器
docker logs	获取容器的日志
docker ps	列出容器
docker pause	暂停一个或多个容器中的所有进程
docker port	列出容器的端口映射或指定映射
docker container prune	删除所有停止的容器
docker rename	重命名容器
docker restart	重启一个或多个容器
docker rm	删除一个或多个容器
docker run	创建一个新的容器并运行一个命令
docker start	启动一个或多个停止的容器
docker stats	实时显示容器资源使用的统计数据
docker stop	停止一个或多个运行中的容器
docker top	显示容器中正在运行的进程
docker unpause	取消暂停一个或多个容器中的所有进程
docker update	更新一个或多个容器的配置
docker wait	阻断一个或多个容器，直到容器停止，然后打印容器的退出码

1. docker run 命令

- 命令说明：创建一个新的容器并运行一个命令。
- 命令用法：

  docker run [OPTIONS] IMAGE [COMMAND] [ARG…]

docker run 命令的部分选项如表 4.2 所示。

表 4.2　docker run 命令的部分选项

选　项	描　述
--attach（简写为-a）	指定标准输入、输出内容的类型，有 STDIN、STDOUT、STDERR 三个选项
--detach（简写为-d）	后台运行容器，并返回容器 ID
--dns	设置用户指定的 DNS 服务器
--env（简写为-e）	设置环境变量
--interactive（简写为-i）	以交互模式运行容器，通常与-t 选项同时使用
--mount	将文件系统挂载到容器
--name	为容器分配名称
--rm	容器退出时自动移除
--tty（简写为-t）	为容器重新分配一个伪输入终端，通常与-i 选项同时使用
--volume（简写为-v）	绑定挂载一个卷
--volumes-from	从指定容器挂载卷

在启用容器前，可以通过 docker ps 命令来检查是否存在容器，因此，启动容器有两种情况。第一种情况是原本不存在容器，需要基于一个镜像启动新容器。另一种情况是存在一个已经创建且处在非运行状态的容器，需要启用该容器。第一种情况，我们可以使用 docker run 命令启用新的容器，docker run 命令首先在指定的镜像上创建一个可写的容器层，然后使用指定的命令启动容器。

用户在使用 docker run 命令运行创建容器时，Docker 其实已经在用户看不到的地方经历了一系列的操作。首先，Docker Client（Docker 终端命令行）会调用 Docker Daemon 请求启动一个容器；接着，Docker Daemon 会向虚拟机（Linux）请求创建容器；请求成功后，Linux 会创建一个空的容器；然后，Docker Daemon 检查本机是否存在 Docker 镜像文件，如果有，则加载到容器中，否则在镜像仓库中下载需要的镜像文件；最后，将镜像文件加载到容器中。例如，使用 docker run 命令新建一个容器：

```
[root@master ~]# docker images
REPOSITORY          TAG          IMAGE ID          CREATED          SIZE
```

```
docker.io/mysql        latest    7b94cda7ffc7    6 days ago      446 MB
scratch                latest    80e9a056950d    3 months ago    0 B
docker.io/registry     latest    2e200967d166    4 months ago    24.2 MB
centos                 v1.0      5d0da3dc9764    10 months ago   231 MB
docker.io/centos       latest    5d0da3dc9764    10 months ago   231 MB
[root@master ~]# docker run -it centos
[root@d67e17ee0da1 /]#
```

查看创建的容器的状态:

```
[root@master ~]# docker ps
CONTAINER ID  IMAGE    COMMAND      CREATED         STATUS         PORTS    NAMES
d67e17ee0da1  centos   "/bin/bash"  12 minutes ago  Up 12 minutes  silly_heisenberg
[root@master ~]#
```

上面的-it 其实是-i 和-t 的缩写，很多时候这种没有参数值的选项是可以写在一起的，例如-id 等。用户想要退出容器可以使用 exit 命令，这个时候容器就会处于退出的状态。应该注意的地方是，成功执行 docker run 命令必须正确使用参数。在选项搭配中，-d 选项和-rm 选项不能一起使用，-it 是在创建容器经常使用的选项。如果想要在后台运行容器并输出容器 ID，可以进行如下操作：

```
[root@master ~]# docker  run  -it  -d  centos
50166a7a6528b93b5e7f17f0a5f49d6dbac9f7bdee70224dacecdf6abfe14f10
[root@master ~]#
```

也可以在启动容器后让容器输出“Hello Docker”，然后停止容器：

```
[root@master ~]# docker run centos  /bin/echo  "Hello Docker"
Hello Docker
[root@master ~]#
```

当执行 docker ps 命令时，用户可以看到容器的状态为停止，这是第二种情况。此时可以使用 docker start 命令来启动容器。docker start 命令的意思是启动一个或多个已停止的容器，在遇到容器的状态为停止时，用户可以使用该命令。

2. docker start 命令

- 命令说明：启动一个或多个已停止的容器。
- 命令用法：

  docker start [OPTIONS] CONTAINER [CONTAINER...]

docker start 命令的选项如表 4.3 所示。

表 4.3　docker start 命令的选项

选　　项	描　　述
--attach（简写为-a）	连接 STDOUT/STDERR 并转发信号
--checkpoint	从此检查点还原
--checkpoint-dir	使用自定义检查点存储目录
--detach-keys	覆盖用于分离容器的键序列
--interactive（简写为-i）	附加容器的标准输入

大部分时候，容器需要在后台运行较长时间，所以在启动容器时，一般推荐使用-d 选项，容器启动后会返回一个唯一的容器 ID，这可以让用户更加方便地对容器进行进一步操作。用户也可以使用 docker ps 命令来查看正在运行的容器的基本信息。如果容器意外退出，可以使用 docker logs 命令查看容器的日志信息，查看容器退出的原因。

3．docker top 命令

- 命令说明：显示容器中正在运行的进程。
- 命令用法：

  docker top CONTAINER [ps OPTIONS]
- 扩展说明：容器在运行时不一定有/bin/bash 终端来交互执行 docker top 命令，甚至不一定有 docker top 命令，因此可以使用 docker top 命令查看容器中正在运行的进程。docker top 命令支持 ps 命令的参数。示例如下：

```
[root@master ~]# docker ps -a
CONTAINER ID    IMAGE     COMMAND       CREATED         STATUS          PORTS    NAMES
d67e17ee0da1    centos    "/bin/bash"   10 hours ago    Up 56 seconds   silly_heisenberg
[root@master ~]# docker top d67e17ee0da1
UID        PID       PPID       C       STIME       TTY        TIME        CMD
root       3264      3248       0       09:43       pts/1      00:00:00    /bin/bash
```

4．docker pause/unpause 命令

- 命令说明：暂停/取消暂停一个或多个容器中的所有进程。
- 命令用法：

  docker pause CONTAINER [CONTAINER...]

  docker unpause CONTAINER [CONTAINER...]
- 扩展说明：docker pause 命令将挂起指定容器中的所有进程。在 Linux 中，它使用 freezer cgroup 来实现。传统上，当挂起一个进程时，使用 SIGSTOP 信号，这是被挂

起的进程可以观察到的。使用 freezer cgroup 时，进程不知道并且无法捕获它正在被挂起，然后恢复。在 Windows 中，只能暂停 Hyper-V 容器。docker unpause 命令的作用是取消暂停一个或多个容器中的所有进程。在 Linux 中，它使用 freezer cgroup 来实现。

5. docker stop 命令

- 命令说明：停止一个或多个运行中的容器。
- 命令用法：

  docker stop [OPTIONS] CONTAINER [CONTAINER...]
- 扩展说明：停止容器的命令是 docker stop 命令，使用-t 选项可以指定发送 SIGKILL 信号的时间。在正常情况下，docker stop 命令向容器发送的是 SIGTERM 信号，该信号会使容器正常退出。-t 选项发送 SIGKILL 信号类似于 kill 命令，终止所有正在运行的容器进程。docker stop 命令的选项如表 4.4 所示。

表 4.4　docker stop 命令的选项

选　　项	默　认	描　　述
--time（简写为-t）	10	在终止容器之前等待停止的秒数

6. docker kill 命令

- 命令说明：终止一个或多个正在运行的容器。
- 命令用法：

  docker kill [OPTIONS] CONTAINER [CONTAINER...]
- 扩展说明：docker kill 命令可以快速停止一个容器，类似于强制结束一个进程，这样终止容器有可能导致数据丢失。docker kill 命令的选项如表 4.5 所示。

表 4.5　docker kill 命令的选项

选　　项	默　认	描　　述
--signal（简写为-s）	KILL	发送到容器的信号

7. docker wait 命令

- 命令说明：阻断一个或多个容器，直到容器停止，然后打印容器的退出码。
- 命令用法：

  docker wait CONTAINER [CONTAINER...]

8. docker rm 命令

- 命令说明：删除一个或多个容器。
- 命令用法：

  docker rm [OPTIONS] CONTAINER [CONTAINER...]
- 扩展说明：删除容器的命令是 docker rm 命令，在执行上面的停止与终止命令后，容器并没有被删除，而是在宿主机中保持停止状态，这时容器不会占用磁盘之外的硬件资源。如果想要删除容器，可以使用 docker rm 命令。docker rm 命令的选项如表 4.6 所示。

表 4.6 docker rm 命令的选项

选　项	描　述
--force(简写为-f)	强制删除正在运行的容器（使用 SIGKILL 信号）
--link（简写为-l）	移除容器间的网络连接，而非容器本身
--volumes（简写为-v）	删除与容器关联的卷

9. docker rename 命令

- 命令说明：重命名容器。
- 命令用法：

  docker rename CONTAINER NEW_NAME

将容器的默认名字 silly_heisenberg 修改为 mycentos，示例如下：

```
[root@master ~]# docker ps
CONTAINER ID    IMAGE    COMMAND      CREATED       STATUS        PORTS       NAMES
d67e17ee0da1    centos   "/bin/bash"  10 hours ago  Up 7 minutes  silly_heisenberg
[root@master ~]# docker  rename  silly_heisenberg  mycentos
[root@master ~]# docker ps
CONTAINER ID    IMAGE    COMMAND      CREATED       STATUS        PORTS       NAMES
d67e17ee0da1    centos   "/bin/bash"  10 hours ago  Up 7 minutes  mycentos
```

10. docker ps 命令

- 命令说明：列出容器。
- 命令用法：

  docker ps [OPTIONS]
- 扩展说明：通过前面几个命令的学习不难发现，docker ps 命令的使用率特别高。

docker ps 命令的描述为列出容器，即显示当前正在运行的容器。用户无论是在创建容器的过程中，还是在查看容器是否启动时，都可以使用docker ps命令来列出容器。docker ps 命令的选项如表 4.7 所示。

表 4.7 docker ps 命令的选项

选 项	默 认	描 述
--all（简写为-a）		显示所有的容器，包括未运行的
--filter（简写为-f）		根据提供的条件过滤输出
--format		使用 Go 模板的打印输出容器
--last（简写为-n）	-1	显示最新创建的容器（包括所有状态）
--no-trunc		不截断输出
--quiet（简写为-q）		静默模式，只显示容器编号
--size（简写为-s）		显示总文件大小

11．docker port 命令

- 命令说明：列出容器的端口映射或指定映射。
- 命令用法：

  docker port CONTAINER [PRIVATE_PORT[/PROTO]]
- 扩展说明：列出指定的容器的端口映射，或者查找将 PRIVATE_PORT NAT 映射到面向公众的端口，显示端口的命令 docker port 和 docker ps 有不同的地方，使用 docker port 命令只会显示已经指定了的端口，不会显示没有指定的端口。

12．docker logs 命令

- 命令说明：获取容器的日志。
- 命令用法：

  docker logs [OPTIONS] CONTAINER
- 扩展说明：docker logs 命令分批检索执行时存在的日志，仅适用于使用 json-file 或 journald 日志记录驱动程序启动的容器。docker logs 命令的选项如表 4.8 所示。

表 4.8 docker logs 命令的选项

选 项	默 认	描 述
--details		显示提供给日志的其他详细信息
--follow（简写为-f）		跟踪日志输出

续表

选　项	默　认	描　述
--since		显示自时间戳以来的日志或相对记录
--tail（简写为-n）	all	从日志末尾显示的行数，默认为 all
--timestamps（简写为-t）		显示时间戳
--until		在时间戳或相对之前显示日志

docker logs 命令使用--follow 选项时，将继续从容器的 STDOUT 和 STDERR 流式传输新的输出。示例如下：

```
[root@master ~]# docker run --name mytest -d centos sh -c "while true;do $(echo
date);sleep 1;done"
5c662a475a567614d5699d759c244c6e60e4754ceae40f01edf2ded89e73926e
[root@master ~]# docker logs -f mytest
Thu Aug 11 01:57:31 UTC 2022
Thu Aug 11 01:57:32 UTC 2022
Thu Aug 11 01:57:33 UTC 2022
Thu Aug 11 01:57:34 UTC 2022
Thu Aug 11 01:57:35 UTC 2022
Thu Aug 11 01:57:36 UTC 2022
……
……
```

13．docker inspect 命令

- 命令说明：获取容器/镜像的元数据。
- 命令用法：

  docker inspect [OPTIONS] NAME|ID [NAME|ID…]

docker inspect 命令的选项如表 4.9 所示。

表 4.9　docker inspect 命令的选项

选　项	描　述
--format（简写为-f）	使用给定的 Go 模板格式化输出
--size（简写为-s）	显示文件的总大小
--type	返回指定类型的 JSON

需要注意的是，当字段名以数字开头时，Field 语法不起作用，但模板语言的 index 函数起作用。NetworkSettings.Ports 部分包含内部端口映射到外部地址/端口对象列表的映射。为了只获取数字公共端口，我们可以使用 index 函数来查找特定的端口映射，索引 0 包含

其中的第一个对象。然后我们请求 HostPort 字段来获取公共地址。如果请求的字段本身就是包含其他字段的结构，则默认情况下会获得内部值的 Go 样式转储。Docker 添加了一个模板函数，JSON 可以将该模板函数应用于以 JSON 格式获取结果。

14．docker export 命令

- 命令说明：将容器的文件系统导出为 tar 存档。
- 命令用法：

  docker export [OPTIONS] CONTAINER
- 扩展说明：docker export 命令不会导出与容器关联的卷的内容。如果将卷安装在容器中现有目录的顶部，docker export 命令将导出基础目录的内容，而不是卷的内容。docker export 命令的选项如表 4.10 所示。

表 4.10　docker export 命令的选项

选　项	描　述
--output（简写为-o）	将输入内容写到文件

15．docker stats 命令

- 命令说明：实时显示容器资源使用的统计数据。
- 命令用法：

  docker stats [OPTIONS] [CONTAINER...]
- 扩展说明：将数据限制到一个或多个特定容器，需要指定由空格分隔的容器名称或 ID 列表。可以指定已停止的容器，但已停止的容器不会返回任何数据。在 Linux 中，Docker CLI 通过从总内存使用量中减去缓存使用量来报告内存使用量。API 不执行此类计算，而是提供总内存使用量和缓存使用量，以便客户端可以根据需要使用数据。缓存使用量是 cgroup v1 主机上文件中 total_inactive_file 字段的值 memory.stat。在 Docker 19.03 及更早的版本中，缓存使用量被定义为 cache 字段的值。在 cgroup v2 主机上，缓存使用量被定义为 inactive_file 字段的值。docker stats 命令的选项如表 4.11 所示。

表 4.11　docker stats 命令的选项

选　项	描　述
--all（简写为-a）	显示所有容器（默认显示正在运行的容器）
--format	使用 Go 模板打印漂亮的图像
--no-stream	禁用流统计并只提取第一个结果
--no-trunc	不要截断输出

16. docker update 命令

- 命令说明：更新一个或多个容器的配置。
- 命令用法：

  docker update [OPTIONS] CONTAINER [CONTAINER...]
- 扩展说明：docker update 命令动态更新容器的配置。用户可以使用此命令来防止容器消耗过多的资源。使用单个命令可以对单个容器或多个容器进行限制。如果指定多个容器，请提供以空格分隔的容器名称或 ID 列表。Docker 在 4.6 版本以前的内核版本上，只能在已停止的容器或已初始化内核内存的正在运行的容器上使用--kernel-memory 选项。docker update 命令的选项如表 4.12 所示。

表 4.12　docker update 命令的选项

选　项	描　述
--blkio-weight	Block IO（相对权重），取值在 10 到 1000 之间，0 为禁用（默认为 0）
--cpu-period	限制 CPU CFS（完全公平调度程序）周期
--cpu-quota	限制 CPU CFS（完全公平调度程序）配额
--cpu-rt-period	以微秒为单位限制 CPU 实时周期
--cpu-rt-runtime	以微秒为单位限制 CPU 实时运行时间
--cpu-shares（简写为-c）	CPU 份额（相对权重）
--cpus	CPU 数量
--cpuset-cpus	允许执行的 CPU（0～3，0，1）
--cpuset-mems	允许执行的 MEM（0～3，0，1）
--kernel-memory	内核内存限制
--memory（简写为-m）	内存限制
--memory-reservation	内存软限制
--memory-swap	交换限制等于内存加交换，-1 启用无限交换
--pids-limit	在 Docker 引擎 API 上，调整容器 pids 限制（-1 表示无限制）
--restart	容器退出时应用的重启策略

将容器的 CPU 份额限制为 512，首先要确定容器的名称或 ID，用户可以使用 docker ps 命令来查找这些值，也可以使用从 docker run 命令返回的 ID。先使用--cpu-shares 选项和内存更新容器，然后使用--kernel-memory 选项更新容器的内核内存限制。注意：Windows 容器不支持 docker update 命令和 docker container update 命令。

17．docker cp 命令

- 命令说明：在容器和本地文件系统之间复制文件或文件夹。
- 命令用法：

  docker cp [OPTIONS] CONTAINER:SRC_PATH DEST_PATH|-

  docker cp [OPTIONS] SRC_PATH|- CONTAINER:DEST_PATH

docker cp 命令的选项如表 4.13 所示。

表 4.13　docker cp 命令的选项

选　项	描　述
--archive（简写为-a）	归档模式（复制所有 UID/GID 信息）
--follow-link（简写为-L）	保持源目标中的链接

使用 docker cp 命令将 SRC_PATH 的内容复制到 DEST_PATH。可以从容器的文件系统复制到本地计算机，也可以从本地文件系统复制到容器。如果为 SRC_PATH 路径或 DEST_PATH 路径指定了“-”，则可以将 tar 归档文件从 STDIN 流式传输到 STDOUT。容器可以是正在运行或停止的容器。SRC_PATH 路径或 DEST_PATH 路径可以是文件或目录。docker cp 命令假定容器路径相对于容器的根目录，这意味着提供初始正斜杠是可选的。

docker cp 命令的行为类似于 unix cp -a 命令，即递归复制目录并保留权限。所有权设置为目的地的用户和主要组。例如，复制到容器的文件是使用 root 用户的 UID:GID 创建的，复制到本地的文件是使用 UID:GID 调用该 docker cp 命令的用户名创建的。如果指定 -a 选项，则 docker cp 命令将所有权设置为源中的用户和主要组。如果指定-L 选项，则 docker cp 命令将跟随 SRC_PATH 中的任何符号链接，如果 DEST_PATH 的父目录不存在，docker cp 命令不会为它们创建父目录。

18．docker attach 命令

- 命令说明：将本地标准输入、输出和错误流附加到正在运行的容器。
- 命令用法：

  docker attach [OPTIONS] CONTAINER
- 扩展说明：docker attach 命令使用容器的 ID 或名称将终端的标准输入、输出和错误流（或三者的任意组合）附加到正在运行的容器。允许用户查看正在进行的输出或以交互方式控制它，就好像命令直接在终端中运行一样。docker attach 命令将显示

ENTRYPOINT/CMD 进程的输出，这看起来好像附加命令被挂起，而实际上进程可能根本没有与终端进行交互。docker attach 命令的选项如表 4.14 所示。

表 4.14　docker attach 命令的选项

选　项	默　认	描　述
--detach-keys		覆盖用于分离容器的键序列
--no-stdin		不要附加标准输入
--sig-proxy	true	将所有接收到的信号代理到进程

Docker 主机上的不同会话可以同时、多次附加到同一个进程。要停止容器，请使用 CTRL-c，此键序列将向容器发送一个 SIGKILL 信号。如果--sig-proxy 为 true（默认值），CTRL-ca 将向容器发送一个 SIGINT 信号。如果容器是使用-i 和-t 选项运行的，用户可以从容器中分离并使用 CTRL-p，CTRL-q 键序列使其继续运行。注意，在容器内作为 PID 1 运行的进程被 Linux 特殊对待：它会忽略任何具有默认操作的信号。因此，该进程不会因为 SIGINT 或 SIGTERM 信号终止，除非它被编码为这样做。

禁止在连接启用 TTY 的容器（即使用-t 选项启动）时重定向 docker attach 命令的标准输入。当客户端使用 docker attach 命令连接容器的 stdio 时，Docker 使用大约 1MB 的内存缓冲区来最大化应用程序的吞吐量。如果这个缓冲区被填满，API 连接的速度将对进程输出、写入的速度产生影响，这与 SSH 等其他应用程序类似。因此，不建议运行性能关键型应用程序，这些应用程序通过缓慢的客户端连接前台并生成大量输出，相反，用户应该使用 docker logs 命令来访问日志。

如果需要，用户可以为分离配置覆盖 Docker 键序列。如果 Docker 默认序列与用户用于其他应用程序的键序列冲突，这将非常有用。有两种方法可以定义用户的分离键序列，作为容器的覆盖或作为整个配置的配置属性。要覆盖单个容器的序列，请在 docker attach 命令中使用--detach keys="<sequence>"标志。

19．docker commit 命令

- 命令说明：根据容器的更改创建新镜像。
- 命令用法：

  docker commit [OPTIONS] CONTAINER [REPOSITORY[:TAG]]
- 扩展说明：使用 docker commit 命令意味着所有对镜像的操作都是黑箱操作，因此不要使用 docker commit 命令定制镜像。docker commit 命令一般应用于一些特殊的场合，比如在被入侵后保存现场等。docker commit 命令的选项如表 4.15 所示。

表 4.15　docker commit 命令的选项

选　项	默　认	描　述
--author（简写为-a）		提交的镜像的作者
--change（简写为-c）		使用 Dockerfile 指令创建镜像
--message（简写为-m）		提交消息
--pause（简写为-p）	true	提交期间暂停容器

将容器的文件更改或设置提交到新镜像中会很有用。通过运行交互式 shell 来调试容器或将工作数据集导出到另一台服务器。通常使用 Dockerfile 以文档化和可维护的方式管理镜像。提交操作不包括安装在容器内的卷中的任何数据。在默认情况下，提交的容器及其进程将在提交镜像时暂停，这降低了在提交过程中数据损坏的可能性。如果不希望出现此行为，请将--pause 选项设置为 false。提交一个容器的示例如下：

```
[root@master ~]# docker ps
CONTAINER ID  IMAGE    COMMAND                   CREATED       STATUS        PORTS  NAMES
5c662a475a56  centos   "sh -c 'while true...'"   12 hours ago  Up 4 seconds   mytest
[root@master ~]# docker  commit  5c662a475a56  myrepository/test1:v1.0
sha256:ac9a11465b53a713a80b6715e4b7e43d00bb532e09a1dfe7ab6e7ec8cbe30a22
[root@master ~]# docker images
REPOSITORY          TAG         IMAGE ID       CREATED         SIZE
myrepository/test1  v1.0        ac9a11465b53   14 seconds ago  231 MB
```

20. docker exec 命令

- 命令说明：在运行的容器中运行命令。
- 命令用法：

  docker exec [OPTIONS] CONTAINER COMMAND [ARG...]

docker exec 命令的选项如表 4.16 所示。

表 4.16　docker exec 命令的选项

选　项	描　述
--detach（简写为-d）	分离模式，在后台运行命令
--detach-keys	覆盖用于分离容器的键序列
--env（简写为-e）	设置环境变量
--env-file	读入环境变量文件
--interactive（简写为-i）	即使未连接，也要保持 STDIN 打开

续表

选　项	描　述
--privileged	为命令授予扩展权限
--tty（简写为-t）	分配一个伪 TTY
--user（简写为-u）	用户名或 UID（格式：<name|uid>[:<group|gid>]）
--workdir（简写为-w）	容器内的工作目录

docker exec 命令仅在容器的主进程（PID 1）运行时运行，如果容器重新启动，则不会重新启动该命令。容器中的命令在容器的默认目录中运行。如果底层镜像在 Dockerfile 中具有使用 WORKDIR 指令指定的自定义目录，则使用该目录。命令应该是可执行的，链接或引用的命令将不起作用。例如，docker exec -ti my_container "echo a && echo b"命令不会执行，但 docker exec -ti my_container sh -c "echo a && echo b"命令会执行。

21．docker container prune 命令

- 命令说明：删除所有停止的容器。
- 命令用法：

  docker container prune [OPTIONS]

docker container prune 命令的选项如表 4.17 所示。

表 4.17　docker container prune 命令的选项

名　称	描　述
--filter	提供过滤器值（如'until=<timestamp>'）
--force（简写为-f）	不提示确认

删除所有停止的容器，示例如下：

```
[root@master ~]# docker ps -a
CONTAINER ID   IMAGE     COMMAND                   CREATED          STATUS      PORTS
NAMES
5c662a475a56   centos    "sh -c 'while true..."    10 minutes ago   Up 10 minutes
mytest
d67e17ee0da1   centos    "/bin/bash"               11 hours ago     Exited (0) 2 seconds ago
mycentos
[root@master ~]# docker container prune
WARNING! This will remove all stopped containers.
Are you sure you want to continue? [y/N] y
Deleted Containers:
d67e17ee0da1a074c9ea832cd9e52807cd1a4927a0fc5c0f49b2598ce6862807
```

```
Total reclaimed space: 0 B
[root@master ~]# docker ps -a
CONTAINER ID   IMAGE    COMMAND                      CREATED          STATUS  PORTS    NAMES
5c662a475a56   centos   "sh -c 'while true..."   11 minutes ago   Up 11 minutes     mytest
```

--filter 选项的格式为"key=value"。如果有多个过滤器值，则传递多个标志（如--filter "foo=bar"和--filter "bif=baz"）。目前支持的过滤器是 until（<timestamp>），用于删除在给定时间戳之前创建的容器。标签（label=<key>、label=<key>=<value>、label!=<key>或labe!!=<key>=<value>）用于删除具有（或不具有，如果使用 label!=...）指定标签的容器。

until 过滤器可以是 UNIX 时间戳、日期格式的时间戳，或者是相对于守护进程计算机的时间计算的 Go duration 字符串。日期格式的时间戳支持的格式包括以下几种：RFC3339Nano、RFC3339、2006-01-02T15:04:05、2006-01-02T15:04:05.9999999、2006-01-02Z07:00 和 2006-01-02。如果在时间戳末尾未提供 Z 或+-00:00 时区偏移，则将使用守护程序上的本地时区。在提供 UNIX 时间戳时，请输入 seconds[.nanoseconds]，其中 seconds 是 1970 年 1 月 1 日（午夜 UTC/GMT）以来经过的秒数，不计算闰秒（又称 UNIX epoch 或 UNIX time），可选的.nanoseconds 字段是不超过 9 位数字的秒数。

标签过滤器接受两种格式。一种是 label=...(label=<key>或 label=<key>=<value>)，用于删除具有指定标签的容器。另一种是 label!=...(label!=<key>或 label!=<key>=<value>)，用于删除没有指定标签的容器。

4.4 使用命令管理 Nginx 容器

4.4.1 整理实验环境中的容器

此操作在 master 节点完成，分步删除已停止的容器、停止正在运行的容器、正常删除容器。

使用 docker container ls 命令按照特定格式列出所有容器。注意显示格式的定义方法。运行过程如下：

```
[root@master ~]# docker container ls -a --format
"{{.ID}}\t{{.Names}}\t{{.Image}}\t{{.Status}}"
7f18e11de86f   nginxserver1   mynginx:v1.0   Up 3 months
13405f6f3807   stoic_feynman   e7dd51c32051   Exited (1) 3 months ago
......
```

```
d7c7851c7ff5    bb      busybox Exited (0) 3 months ago
[root@master ~]#
```

使用 docker container prune 命令批量删除所有已停止的容器；使用 docker ps -a 命令查看删除后的容器列表，显示所有容器，列表中显示的只有正在运行的容器。运行过程如下：

```
[root@master ~]# docker container prune
WARNING! This will remove all stopped containers.
Are you sure you want to continue? [y/N] y
Deleted Containers:
13405f6f3807844053990dc9055b74c9ed8c491a09c11de772f31e076873b058
992b009192f7f811db035eec7d619aa5556854239ea6a728a9f59374b68c0c9f
……
Total reclaimed space: 23.62MB
[root@master ~]# docker  ps  -a  --format  "{{.ID}}\t{{.Names}}\t{{.Status}}"
7f18e11de86f   nginxserver1   Up 3 months
[root@master ~]#
```

使用 docker container rename 命令为正在运行的容器重命名；使用 docker ps 命令查看重命名的结果；使用 docker container stop 命令停止正在运行的 Nginx 容器；使用 docker container rm 命令删除 Nginx 容器；使用 docker ps -a 命令查看删除结果。运行过程如下：

```
[root@master ~]# docker container rename nginxserver1 ns1
[root@master ~]#  docker ps |grep ns1
7f18e11de86f        mynginx:v1.0        "nginx -g 'daemon of…"   3 months ago        Up 3
months        0.0.0.0:8888->80/tcp   ns1
[root@master ~]# docker container stop ns1
ns1
[root@master ~]# docker container rm ns1
ns1
[root@master ~]# docker ps -a
CONTAINER ID IMAGE COMMAND CREATED STATUS PORTS NAMES
[root@master ~]#
```

4.4.2 启动并进入容器进行操作

重新生成并启动 Nginx 容器，在前台进入容器，然后查看容器配置并在容器中安装软件，最后退出容器（并非停止容器）。

使用 docker container run 命令在后台运行 Nginx 容器，使用 mynginx:v1.0 镜像，并配置 80 端口的端口映射为 8888；使用 docker container exec 命令在前台运行 shell，从而进入 Nginx 容器；在容器内查看主机标识、进程情况。运行过程如下：

```
[root@master ~]# docker container run --name ns1 -d -p 8888:80 mynginx:v1.0
28d8f994118a7b7a63b3dda97048cb75ee621d560e78f0163bae645db3b165de
[root@master ~]# docker container exec -it ns1 /bin/bash
[root@28d8f994118a nginx-1.14.0]#
[root@28d8f994118a nginx-1.14.0]# hostid
11ac0200
[root@28d8f994118a nginx-1.14.0]# ps -aux
USER PID %CPU %MEM VSZ RSS TTY STAT START TIME COMMAND
root 1 0.0 0.0 20548 1532 ? Ss 08:01 0:00 nginx: master
nobody 6 0.0 0.0 20988 1052 ? S 08:01 0:00 nginx: worker
root 7 0.1 0.0 11828 1884 pts/0 Ss 08:01 0:00 /bin/bash
root 28 0.0 0.0 51752 1708 pts/0 R+ 08:05 0:00 ps -aux
[root@28d8f994118a nginx-1.14.0]#
```

在容器内查看vim软件的信息，并安装vim软件；使用exit命令退出容器。运行过程如下：

```
[root@28d8f994118a nginx-1.14.0]# yum info vim
Loaded plugins: fastestmirror, ovl
......
Loading mirror speeds from cached hostfile
Error: No matching Packages to list
[root@28d8f994118a nginx-1.14.0]# yum install vim -y
Loaded plugins: fastestmirror, ovl
Loading mirror speeds from cached hostfile
centos7-network                    | 3.6 kB     00:00
Resolving Dependencies
......
Complete!
[root@28d8f994118a nginx-1.14.0]#exit
exit
[root@master ~]#
```

4.4.3 执行容器管理操作

在容器中进行暂停/解除暂停容器，显示容器中正在运行的进程，在容器内执行命令，列出容器的端口映射，把本地文件复制到容器中，杀死容器等管理操作。

使用curl命令验证Nginx容器正常运行；使用docker container pause命令暂停Nginx容器；使用curl命令验证容器已经停止，此时无法访问Nginx的Web主页；使用docker container unpause命令解除暂停；使用curl命令验证容器正常运行。运行过程如下：

```
[root@master ~]# curl master:8888
My Nginx based Docker.
[root@master ~]# docker container pause ns1
ns1
[root@master ~]# curl master:8888
^C
[root@master ~]# docker container unpause ns1
ns1
[root@master ~]# curl master:8888
My Nginx based Docker.
[root@master ~]#
```

使用 docker container top 命令显示容器正在运行的进程，此时 Nginx 容器运行 master 和 worker 两个进程；使用 docker container exec 命令在 Nginx 容器中运行 pwd 命令，显示当前目录；使用 docker container port 查看 Nginx 容器的端口映射。运行过程如下：

```
[root@master ~]# docker container top ns1
UID   PID   PPID   C    STIME   TTY   TIME   CMD
root   6712   6695   0    16:01   ?   00:00:00 nginx: master process nginx -g daemon off;
nobody 6746  6712   0    16:01   ?   00:00:00 nginx: worker process
[root@master ~]# docker container exec ns1 pwd
/usr/share/nginx-1.14.0
[root@master ~]# docker container port ns1
80/tcp -> 0.0.0.0:8888
[root@master ~]#
```

在本地创建 index.html 文件并写入内容；使用 docker container cp 命令将文件复制到 Nginx 容器的 Web 服务器主页目录下；使用 curl 命令验证 Nginx 的 Web 主页已经被更改；使用 docker container kill 命令终止 Nginx 容器并查看结果。运行过程如下：

```
[root@master ~]# echo "This is a new page." > index.html
[root@master ~]# docker container cp ./index.html ns1:
/usr/local/nginx/html/index.html
[root@master ~]# curl master:8888                    This is a new page.
[root@master ~]# docker container kill ns1
ns1
[root@master ~]# docker ps -a
CONTAINER ID   IMAGE       COMMAND       CREATED       STATUS       PORTS      NAMES
28d8f994118a   mynginx:v1.0  "nginx -g 'daemon of…"  53 minutes ago  Exited (137) 6
seconds ago   ns1
```

本章练习题

一、单选题

1．docker container run 命令的选项中，-d 选项的含义是（　　）。

A．在后台运行容器　　B．设置环境变量

C．保持标准输入打开　　D．为容器分配名称

2．docker container exec 命令的选项中，-t 选项的含义是（　　）。

A．分配伪 TTY　　B．设置容器内的工作目录

C．保持 STDIN 打开　　D．在后台运行命令

二、多选题

1．运行 docker run 命令后，底层完成的操作包括（　　）。

A．拉取镜像　　B．分配网络接口

C．运行指定程序　　D．虚拟化硬件资源

2．在使用容器时，下列说法正确的是（　　）。

A．不要在容器中存储数据　　B．不要使用多层镜像

C．要使用“latest”标签　　D．要使用环境变量获取凭据信息

三、填空题

1．在运行的容器中运行命令可以使用（　　）命令。

2．显示一个或多个容器的细节信息可以使用（　　）命令。

3．列出容器可以使用（　　）命令。

4．删除所有的停止容器可以使用（　　）命令。

5．删除一个或多个容器可以使用（　　）命令。

6．启动一个或多个停止的容器可以使用（　　）命令。

7．显示容器正在运行的进程可以使用（　　）命令。

8．终止一个或多个正在运行的容器可以使用（　　）命令。

项目 5
Docker 仓库管理

工程师小刘编制的 Docker 容器技术的运维手册在公司内部推广培训时发现，手册在对镜像和容器的管理上没有统一规划，在线获取容器镜像时网络的稳定性不足，延时较大，并且经常发生超时连接的现象。研发部决定在公司内部建立一个私有仓库，实现在正常办公和开发的情况下可以随时快速下载和使用容器镜像。小刘负责在企业内部建立私有的镜像仓库，仔细研究容器的仓库部署、管理和使用方法。仓库是 Docker 的重要组件，在生产环境中被广泛应用，因此要熟练掌握 Docker Registry 的基本原理和主要操作命令。

职业能力目标和要求

- 熟悉 Registry 的基本原理。
- 了解 docker registry 命令。
- 掌握 Docker-CE 版本下 Registry 的操作方法。

5.1 Docker Registry 管理

容器镜像一般由开发人员通过 docker build 之类的命令构建，镜像在生成后都会被保存在开发机器的本地镜像缓存中，供本地开发和测试使用。从另一方面来看，容器镜像很重要的一个作用是作为可移植的应用打包形式，在其他环境下无差别地运行封装的应用，所以本地生成的镜像有时需要发送到其他环境中，如其他开发人员的机器、数据中心的机器或云端计算节点，这时需要一种能在不同环境中传输镜像的有效方法，而镜像传输和分发中关键的一环就是镜像的 Registry（注册表）。Registry 有在服务发现模式下服务注册的含义，在实际应用中，用户往往称镜像 Registry 为镜像仓库，这说明 Registry 不仅能注册镜像，还有存储镜像和管理镜像的功能。

5.1.1 Registry 的基本原理

Registry 可译为注册中心或注册服务器，是存放仓库的地方。一个注册中心往往有很多仓库。仓库是集中存放镜像文件的地方。每个仓库集中存放某一类镜像，往往包括多个镜像文件，不同的镜像通过不同的标签来区分，并通过“仓库名:标签”的格式指定特定版本的镜像。Docker 模型的核心是有效地利用分层镜像机制，镜像可以通过分层来继承，基于基础镜像，可以制作各种具体的应用镜像。镜像最终以 tar.gz 的方式静态存储在服务器端，这种存储适用于对象存储而不是块存储。

Registry 是维系容器镜像生产者和消费者的关键环节，这也是所有基于容器的云原生平台离不开 Registry 的根本原因。Registry 的重要性及其在应用分发上的关键性，使 Registry 非常适合进行镜像管理，如权限控制、远程复制、漏洞扫描等。

1. 公有 Registry 服务

从用户的访问方式来看，Registry 主要分为公有 Registry 服务和私有 Registry 服务两种。公有 Registry 服务一般被部署在公有云中，用户可以通过互联网访问公有 Registry 服务。私有 Registry 服务一般被部署在一个组织内部的网络中，只服务于该组织内的用户。公有 Registry 服务最大的优点是使用便利，无须安装和部署就可以使用，不同组织之间的用户可以通过公有 Registry 服务共享或分发镜像。公有 Registry 服务也有不足。因为镜像被存放在云端存储中，镜像中的私密数据可能会泄露，对安全有要求的机构往往不允许将镜像存放到公有 Registry 中。另外，使用公有 Registry 服务需要从公网下载镜像，在传输上需要较长时间，在频繁使用镜像的场景中，如应用开发测试的镜像构建和拉取等，效率较低。因此，公有 Registry 不太适用于频繁使用本地镜像的场景。

目前，公有 Registry 服务最著名的就是 Docker Hub，这个服务是随着 Docker 开源项目的发布而设立的，由 Docker 公司维护，也是最常用的公有 Registry 服务，拥有大量高质量的官方镜像。开发者可以在 Docker 容器管理工具中直接、免费使用 Docker Hub，推送和拉取镜像都很方便，这也是 Docker 工具能够极快地被广大开发者接受和使用的原因之一。

需要指出的是，Docker Hub 的私有镜像服务虽然提供了保护用户私有数据的服务，但它在本质上还是公有镜像服务，因为镜像是被存放在公有云中的，公有 Registry 服务在安全和性能等方面依然存在不足。除了 Docker Hub，各大公有云服务商如亚马逊 AWS、微软 Azure、阿里云、腾讯云等，都有自己的 Registry 服务。这些云服务商提供的 Registry 服务既可以满足自身云原生用户的镜像使用需求，提高云原生应用的访问效率，也可以为公网用户提供镜像访问服务，便于镜像的分发和传送，如用户可以从内网环境向云端 Registry 推送镜像等。

由于跨洋访问、源站地址不稳定等问题，这些公开服务在国内访问时可能会比较慢。国内的一些云服务商提供了针对 Docker Hub 的镜像服务，这些镜像服务被称为加速器，常见的加速器有阿里云加速器、DaoCloud 加速器、灵雀云加速器等。使用加速器可直接从国内的地址下载 Docker Hub 的镜像，比直接从官方网站下载镜像的速度快很多。国内也有一些云服务商提供类似于 Docker Hub 的公开服务，如时速云镜像仓库、网易云镜像服务、阿里云镜像库等。

下面简单介绍 Docker Hub 的使用。目前，Docker 官方维护了一个公共仓库 Docker Hub，用户日常需要的大部分镜像都可以在 Docker Hub 中直接下载，目前提供私有和公开两种仓库类型的服务。用户可以进行注册，个人只需要输入用户名、密码和邮箱就能完成注册和登录，注册和登录界面如图 5.1 所示。

注册并登录成功后，进入个人中心，用户可以根据自己的需求选择创建公有或私有仓库，Docker Hub 创建仓库界面如图 5.2 所示。

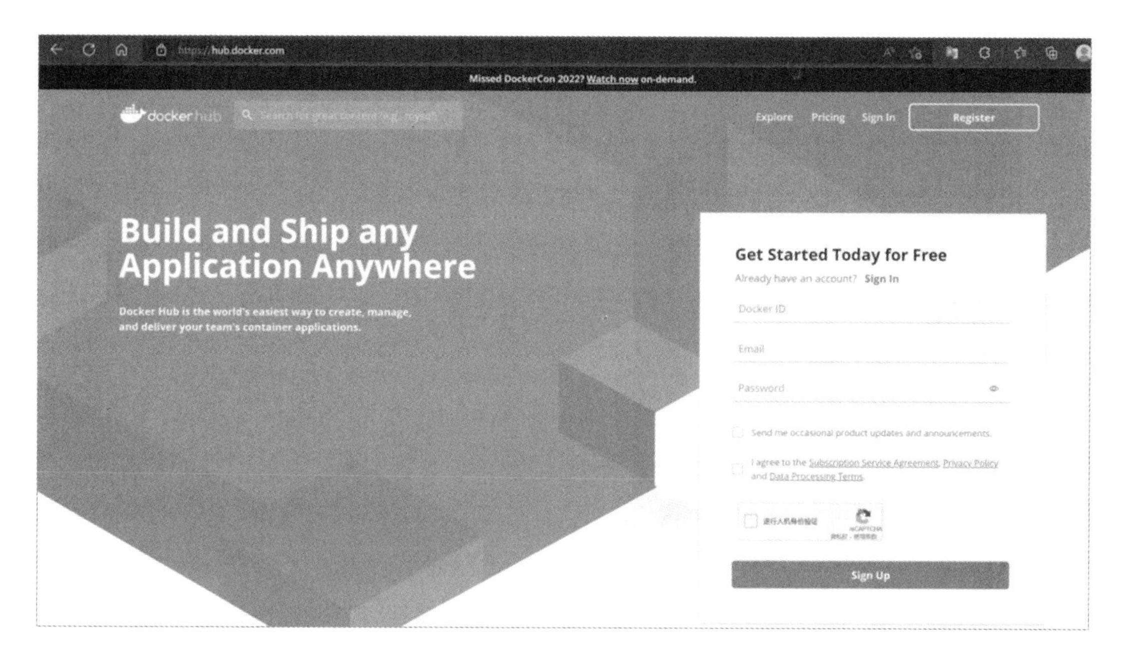

图 5.1　注册和登录界面

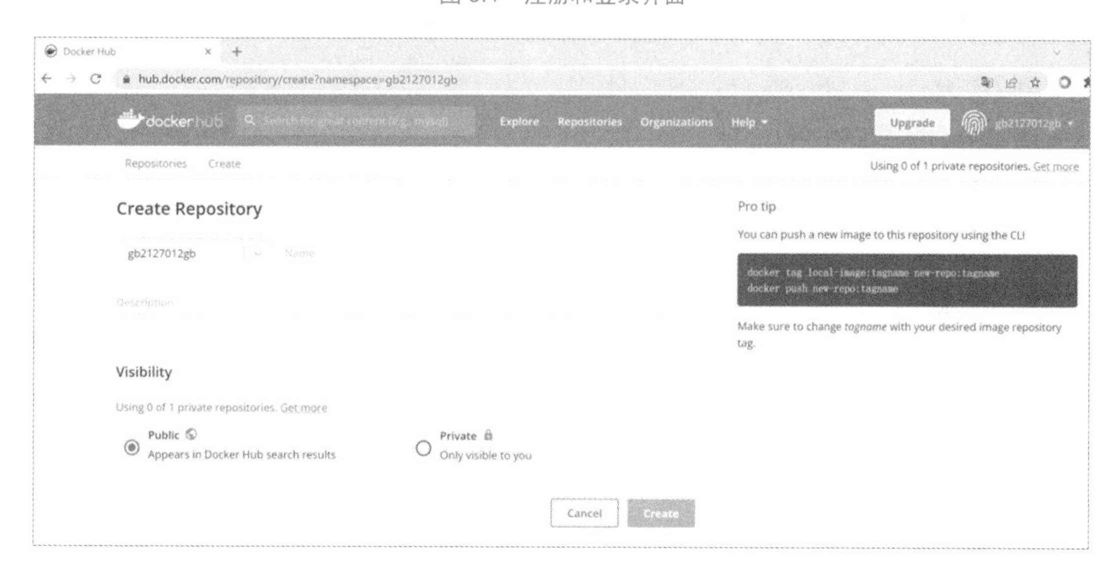

图 5.2　Docker Hub 创建仓库界面

2．私有 Registry 服务

除了使用公开服务，用户还可以在本地搭建私有 Docker Registry。Docker 官方提供了 Docker Registry 镜像，可以直接将它作为私有 Registry 服务使用。私有 Registry 服务可以弥补公有 Registry 服务的不足，镜像被存放在组织内部的存储中，不仅可以保证镜像的安全性，还可以提高镜像的访问效率。同时，在私有 Registry 服务中还能进行镜像的访问控制和漏洞扫描等管理操作，因此私有 Registry 在大中型组织中通常是首选方案。私有 Registry 服务的缺点主要是组织需要承担采购软硬件的成本，并且需要团队负责维护服务。在私有环境中部署 Registry 服务最简单的方法就是从 Docker Hub 中拉取镜像部署 Docker Registry。Docker Registry 是 Docker 容器管理工具的一部分，可以存储和分发 Docker 及 OCI 镜像，主要面向开发者和小型应用环境，开源代码位于 GitHub 的 docker/distribution 项目中。Docker Registry 结构简单、部署快速，适合小型开发团队共享镜像或在小规模的生产环境中分发应用镜像。

在较大型的组织内部，由于用户、应用和镜像的数量较多，管理需求复杂，功能较单一的 Docker Registry 难以胜任，因此需要更全面的镜像管理方案。在开源软件中有 Harbor 和 Portus 等项目，在商用软件中有 Docker Trust Registry（DTR）和 Artifactory 等产品，用户可根据需要选择合适的方案。随着混合云在企业中的使用越来越普遍，用户在私有云和公有云中都有应用运行，这就涉及两个 Registry 镜像同步和发布的问题。从效率和管理上看，在私有云和公有云中各部署一个 Registry 服务，可以就近下载镜像。在两个 Registry 之间通过镜像同步的方式，将在私有环境下开发的应用镜像复制到公有云的生产环境中，达到镜像的一致性，从而实现应用发布的目的。

Registry 最大的优点就是简单，只需要运行一个容器就能集中管理一个集群范围内的镜像，其他机器就能从该镜像仓库下载镜像了。在安全性方面，Docker Registry 支持 TLS 和基于签名的身份验证。Docker Registry 也提供了 Restful API，以提供外部系统调用和管理镜像库中的镜像。

3. 客户端从仓库拉镜像

用户在客户端从仓库拉镜像的交互如下。

（1）客户端向索引请求 Ubuntu 镜像下载地址。

（2）索引回复 Ubuntu 镜像所在的仓库 A、镜像的校验码（Checksum）和所有层的 Token。

（3）客户端向仓库 A 请求 Ubuntu 镜像的所有层（仓库 A 负责存储 Ubuntu 镜像及它所依赖的层）。

（4）仓库 A 向索引发起请求，验证用户 Token 的合法性。

（5）索引返回这次请求是否合法。

（6）客户端从仓库下载所有的层，仓库从后端存储中获取实际的文件数据，返给客户端。拉取 Ubuntu 镜像的过程如图 5.3 所示。

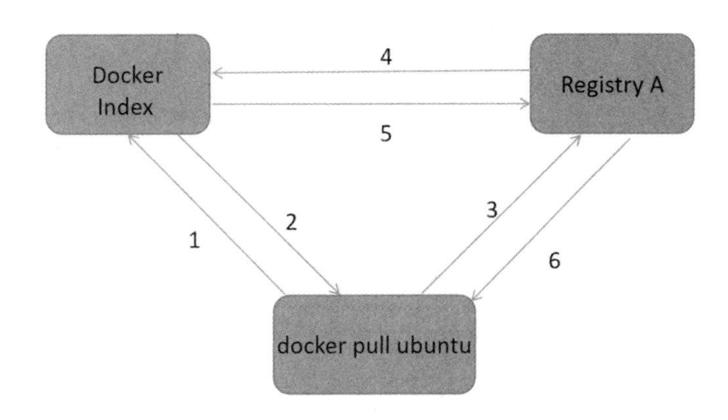

图 5.3　拉取 Ubuntu 镜像的过程

5.1.2　Docker Registry 主要命令

- 命令描述：管理镜像注册服务器。
- 命令用法：

  docker registry COMMAND

docker registry 主要命令如表 5.1 所示。

表 5.1　docker registry 主要命令

命　令	描　述
docker registry events	获取注册服务器实时事件（仅 DTR）
docker registry history	显示注册服务器中镜像的历史记录（仅 DTR）
docker registry info	显示有关注册服务器的信息（仅 DTR）
docker registry inspect	检查注册服务器的镜像
docker registry joblogs	列出注册服务器的工作日志（仅 DTR）
docker registry jobs	列出注册服务器的工作进程（仅 DTR）
docker registry ls	列出注册服务器中的镜像
docker registry rmi	删除注册服务器中的镜像（仅 DTR）

docker registry 命令仅支持在 Docker-EE 版本中使用。目前，docker registry 命令仅在 Docker Client 中使用，不在生产环境中使用。DTR 是 Docker 可信注册服务器（Docker Trusted Registry），需要单独安装才能使用。

5.1.3 Docker 私有仓库基本命令

Docker 私有仓库基本命令如表 5.2 所示。

表 5.2 Docker 私有仓库基本命令

命 令	描 述
docker tag（示例：docker tag busybox:v1 192.168.200.99:5000/busybox:v1）	标记本地镜像，将其归入指定仓库
docker push（示例：docker push 192.168.200.99:5000/busybox:v1）	将本地指定镜像上传到镜像仓库
docker pull（示例：docker pull 192.168.200.99:5000/busybox:v1）	从镜像仓库中拉取或更新指定镜像
curl -X GET http://<REGISTRY-IP>:<REGISTRY-PORT>/v2/_catalog	列出所有私有仓库
curl -X GET http://<REGISTRY-IP>:<REGISTRY-PORT>/v2/<IMAGE-NAME>/tags/list	列出指定镜像的标签列表
curl -v --silent -H "Accept: application/vnd.docker.distribution.manifest.v2+json" -X GET http://<REGISTRY-IP>:<REGISTRY-PORT>/v2/<IMAGE-NAME>/manifests/<IMAGE-TAG> 2>&1|grep Docker-Content-Digest| awk '{print ($3)}'	查找具有指定标签的镜像的 digest（sha256 校验和）
curl -v --silent -H "Accept: application/vnd.docker.distribution.manifest.v2+json" -X DELETE http://<REGISTRY-IP>:<REGISTRY-PORT>/v2/<IMAGE-NAME>/manifests/sha256:<IMAGE-DIGEST>	根据 digest 删除元数据
docker exec -it <REGISTRY-NAME> /bin/registry garbage-collect /etc/docker/registry/config.yml	进入 Registry 容器执行 garbage-collect 命令进行垃圾回收

5.1.4 Docker 私有 Registry 的搭建

搭建私有 Registry 的基本过程如下。

（1）将准备好的 Registry 镜像载入本地仓库（或从 Docker Hub 拉取最新的 Registry 镜像）：

docker load < registry.tar / docker pull registry

（2）运行 Registry 容器，将容器设置为开放 5000 端口、始终重启、挂载卷到指定目录、可删除存储，并指定容器名称：

docker run -d -p <REGISTRY-PORT>:5000 --restart=always -v <REGISTRY-PATH>:/var/lib/registry -e REGISTRY_STORAGE_DELETE_ENABLED="true" --name <REGISTRY-NAME> registry

（3）将 Registry 加入可信任列表（或手动编辑/etc/docker/daemon 文件）：

echo "{\"insecure-registries\":[\"<REGISTRY-IP>:<REGISTRY-PORT>\"]}"> /etc/docker/daemon.json

（4）重启 Docker 服务：

systemctl restart docker

5.2　构建并管理私有 Registry

5.2.1　在 master 节点上搭建并运行 Registry

此操作在 master 节点完成。使用课程提供的资源，将 Registry 镜像文件传输到 Docker 服务器，也可直接从 Docker Hub 拉取最新的 Registry 镜像。

使用 docker load 命令从本地载入 Registry 镜像；使用 docker image ls 命令查看镜像的载入情况。运行过程如下：

```
[root@master ~]# ls
~  anaconda-ks.cfg  busybox.tar  index.html  registry.tar
[root@master ~]# docker load < registry.tar
a120b7c9a693: Loading layer   5.06MB/5.06MB
2b7bd2eefde2: Loading layer  7.937MB/7.937MB
00a8ff67f927: Loading layer  22.79MB/22.79MB
dead8a13b621: Loading layer  3.584kB/3.584kB
6b263b6e9ced: Loading layer  2.048kB/2.048kB
Loaded image: registry:latest
[root@master ~]# docker image ls | grep registry
registry          latest            2e2f252f3c88        19 months ago        33.3MB
[root@master ~]#
```

运行 Registry 容器，将容器设置为开放 5000 端口、始终重启、挂载卷到指定目录、可删除存储，并指定容器名称。

使用 docker run 命令运行 Registry 容器，并根据要求进行选项配置；使用 docker container ps 命令查看 Registry 容器的运行情况；使用 ls 命令查看仓库存储目录的生成情况。运行过程如下：

```
[root@master ~]#docker run -d -p 5000:5000 --restart=always -v /docker-image-
repo:/var/lib/registry -e REGISTRY_STORAGE_DELETE_ENABLED="true" --name myregistry
registry
83e87fb54c9614597100955348958bd3916ef02823b892ea8b12bdb5b8ecc1d0
```

```
[root@master ~]# docker container ps
CONTAINER ID   IMAGE     COMMAND       CREATED       STATUS        PORTS       NAMES
83e87fb54c96  registry  "/entrypoint.sh /etc..."  19 seconds ago   Up 15 seconds
0.0.0.0:5000->5000/tcp   myregistry
[root@master ~]# ls  /  |  grep docker-image-repo
docker-image-repo
[root@master ~]#
```

将私有 Registry 加入 Docker 的可信任列表并重启 Docker。使用 echo 命令将配置语句写入/etc/docker/daemon.json 文件；使用 cat 命令检查写入结果；使用 systemctl 命令重启 Docker，如果重启失败，则文件配置错误，用户可以手动编辑/etc/docker/daemon.json 文件。运行过程如下：

```
[root@master ~]# echo  " {\"insecure-registries\":[\"192.168.247.99:5000\"]} "  >
/etc/docker/daemon.json
[root@master ~]# cat  /etc/docker/daemon.json
{"insecure-registries":["192.168.247.99:5000"]}
[root@master ~]# systemctl restart docker
[root@master ~]#
```

在私有 Registry 中添加第一个镜像（需要先使用 docker pull 命令拉取 busybox 镜像）。使用 docker tag 命令为 master 节点本地仓库中的 busybox 镜像打上私有仓库标签；使用 docker image ls 命令再次查看 busybox 镜像的情况；使用 docker push 命令将具有私有仓库标签的 busybox 镜像推送到私有仓库 Registry。运行过程如下：

```
[root@master ~]# docker  tag  busybox  192.168.247.99:5000/busybox:v1
[root@master ~]# docker image ls|grep busybox
busybox  latest   020584afccce  5 months ago   1.22MB
192.168.247.99:5000/busybox   v1    020584afccce    5 months ago       1.22MB
[root@master ~]# docker push 192.168.247.99:5000/busybox:v1
The push refers to repository [192.168.247.99:5000/busybox]
1da8e4c8d307: Pushed
v1: digest: sha256:679b1c1058c1f2dc59a3ee70eed986a88811c0205c8ceea57cec5f22d2c3fbb1
size: 527
[root@master ~]#
```

5.2.2 在 node1 节点上使用私有 Registry

在 node1 节点将私有 Registry 加入 Docker 的可信任列表并重启 Docker。使用 echo 命令将配置语句写入/etc/docker/daemon.json 文件；使用 cat 命令检查写入结果；使用 systemctl 命令重启 Docker，如果重启失败，则文件配置错误，用户可以手动编辑/etc/docker/daemon.

json 文件。

查看 Registry 中的私有仓库情况和标签情况，使用 curl 命令列出私有仓库；使用 curl 命令查看标签列表；使用 docker images 命令查看 node1 节点中本地仓库的 busybox 镜像的情况。运行过程如下：

```
[root@node1 ~]# curl  -X  GET  http://192.168.247.99:5000/v2/_catalog
{"repositories":["busybox"]}
[root@node1 ~]#
[root@node1 ~]# curl  -X  GET  http://192.168.247.99:5000/v2/busybox/tags/list
{"name":"busybox","tags":["v1"]}
[root@node1 ~]# docker images |grep busybox
[root@node1 ~]#
```

将 busybox 镜像拉取到本地，修改标签后重新推送到 Registry。使用 docker pull 命令拉取私有仓库中的 busybox 镜像；使用 docker images 命令再次查看 node1 节点中本地仓库的 busybox 镜像的情况。运行过程如下：

```
[root@node1 ~]# docker  pull  192.168.247.99:5000/busybox:v1
v1: Pulling from busybox
0f8c40e1270f: Pull complete
Digest: sha256:679b1c1058c1f2dc59a3ee70eed986a88811c0205c8ceea57cec5f22d2c3fbb1
Status: Downloaded newer image for 192.168.247.99:5000/busybox:v1
192.168.247.99:5000/busybox:v1
[root@node1 ~]# docker images |grep busybox
192.168.247.99:5000/busybox   v1       020584afccce        5 months ago        1.22MB
```

使用 docker tag 命令重新为 busybox 镜像打上标签 v2；使用 docker push 命令将新镜像推送到 Registry。运行过程如下：

```
[root@node1 ~]# docker  tag  192.168.247.99:5000/busybox:v1
192.168.247.99:5000/busybox:v2
[root@node1 ~]# docker  push  192.168.247.99:5000/busybox:v2
The push refers to repository [192.168.247.99:5000/busybox]
1da8e4c8d307: Layer already exists
v2: digest: sha256:679b1c1058c1f2dc59a3ee70eed986a88811c0205c8ceea57cec5f22d2c3fbb1
size: 527
```

再次查看 Registry 中私有仓库的情况和标签的情况，并使用 curl 命令再次列出私有仓库；使用 curl 命令再次查看标签列表。运行过程如下：

```
[root@node1 ~]# curl  -X  GET http://192.168.247.99:5000/v2/_catalog
{"repositories":["busybox"]}
[root@node1 ~]# curl  -X  GET http://192.168.247.99:5000/v2/busybox/tags/list
```

```
{"name":"busybox","tags":["v1","v2"]}
[root@node1 ~]#
```

5.2.3　在 master 节点上管理私有 Registry

此操作在 master 节点完成，删除 Registry 中的指定镜像。查找具有指定标签的镜像的 digest（sha256 校验和）。

使用 du 命令查看 Registry 存储文件目录的大小；使用 curl 命令查找具有指定标签的镜像的 digest（sha256 校验和），此处指定 busybox:v2。如果从文本编辑器将命令复制到命令行，务必注意引号等字符是否正确。运行过程如下：

```
[root@master ~]# du -sh  /docker-image-repo/
788K    /docker-image-repo/
[root@master ~]# curl -v --silent -H "Accept:
application/vnd.docker.distribution.manifest.v2+json" -X  GET
http://192.168.247.99:5000/v2/busybox/manifests/v2 2>&1 | grep Docker-Content-Digest
|  awk '{print ($3)}'
sha256:679b1c1058c1f2dc59a3ee70eed986a88811c0205c8ceea57cec5f22d2c3fbb1
[root@master ~]#
```

使用 curl 命令根据 digest 删除元数据，digest 是上一步查询的。注意检查删除结果，HTTP 返回“202 Accepted”为删除成功。运行过程如下：

```
[root@master ~]# curl -v --silent -H "Accept:
application/vnd.docker.distribution.manifest.v2+json" -X DELETE
http://192.168.247.99:5000/v2/busybox/manifests/sha256:679b1c1058c1f2dc59a3ee70eed986
a88811c0205c8ceea57cec5f22d2c3fbb1
* About to connect() to 192.168.247.99 port 5000 (#0)
……
> DELETE /v2/busybox/manifests/sha256:
679b1c1058c1f2dc59a3ee70eed986a88811c0205c8ceea57cec5f22d2c3fbb1 HTTP/1.1
……
< HTTP/1.1 202 Accepted
……
<
* Connection #0 to host 192.168.247.99 left intact
[root@master ~]#
```

进入 Registry 容器执行 garbage-collect 命令进行垃圾回收。运行过程如下：

```
[root@master ~]# docker exec -it myregistry /bin/registry garbage-collect
/etc/docker/registry/config.yml
```

```
busybox
0 blobs marked, 4 blobs eligible for deletion
blob eligible for deletion:
sha256:020584afccce44678ec82676db80f68d50ea5c766b6e9d9601f7b5fc86dfb96d
INFO[0000] Deleting blob: /docker/registry/v2/blobs/sha256/02/
020584afccce44678ec82676db80f68d50ea5c766b6e9d9601f7b5fc86dfb96d  go.version=go1.7.6
instance.id=362d2360-9e66-46c0-a802-cdcac5ef9ed3
blob eligible for deletion: sha256:
0f8c40e1270f10d085dda8ce12b7c5b17cd808f055df5a7222f54837ca0feae0
……
[root@master ~]#
```

查看 Registry 中私有仓库的情况和标签的情况。使用 du 命令再次查看 Registry 存储文件目录的大小，并对比目录大小；使用 curl 命令再次列出私有仓库；使用 curl 命令再次查看标签列表。运行过程如下：

```
[root@master ~]# du -sh  /docker-image-repo/
12K     /docker-image-repo/
[root@master ~]#
[root@master ~]# curl  -X  GET  http://192.168.247.99:5000/v2/_catalog
{"repositories":["busybox"]}
[root@master ~]# curl  -X  GET  http://192.168.247.99:5000/v2/busybox/tags/list
{"name":"busybox","tags":null}
[root@master ~]#
```

本章练习题

单选题

1．下列说法中不正确的是（　　）。

A．在注册服务器上可以存放多个仓库

B．仓库中可以包含多个镜像

C．镜像可以有不同的标签

D．注册服务器与仓库一一对应

2．下列说法中不正确的是（　　）。

A．docker registry 命令仅在 Docker-CE 版本下有效

B．目前，docker registry 命令不在生产环境中使用

C．镜像以 tar.gz 的方式静态存储在服务器端

D．仓库是集中存储镜像文件的场所

3．在搭建私有 Registry 的过程中，将 Registry 加入可信任列表需要把配置语句写入的文件是（　　）。

A．/var/lib/registry　　B．/etc/sysconfig/docker

C．/etc/docker/registry.conf　　D．/etc/docker/daemon.json

4．创建本地的私有仓库服务，需要运行什么容器（　　）。

A．Registry　　B．Repository

C．busybox　　D．Nginx

5．将本地镜像推送到私有仓库，不需要进行的操作是（　　）。

A．为镜像添加包含私有仓库地址和端口的标签

B．将私有仓库添加到 Docker 的信任列表中

C．使用 docker pull 命令推送

D．使用 docker tag 命令添加标签

6．在 Docker-CE 版本下，删除 Registry 私有仓库中镜像的操作不包括（　　）。

A．查找指定标签的镜像的 digest

B．根据 digest 删除元数据

C．进入 registry 容器执行 garbage-collect 命令执行垃圾回收

D．使用 docker registry rmi 命令

7．Registry 注册服务器的服务端口是（　　）。

A．21　　B．80　　C．5000　　D．8888

8．通过 Docker Registry HTTP API 获取私有仓库列表的路径是（　　）。

A．/v2/_catalog　　B．/v2/ /tags/list　　C．/v2/ /manifests/　　D．/v2/ /blobs/

9．通过 Docker Registry HTTP API 获取指定镜像标签列表的路径是（　　）。

A．/v2/_catalog　　B．/v2/ /tags/list　　C．/v2/ /manifests/　　D．/v2/ /blobs/

10．通过 Docker Registry HTTP API 删除元数据的方法是（　　）。

A．GET　　B．PUT　　C．POST　　D．DELETE

项目 6 Docker 存储管理

项目导入

经过这段时间对 Docker 容器和镜像的使用，研发部有很多工程师只停留在简单地使用和维护上，于是公司继续安排工程师小刘深入研究 Docker 技术。对于高级运维，公司希望小刘能从 Docker 存储这个方面进行研究和整理。Docker 数据持久化存储是在生产环境中的重要存储手段，因此要熟练掌握 Docker 数据持久化的基本原理和主要操作方法，在已搭建好的 Docker 系统测试环境中，为 Nginx 容器配置共享持久化存储。

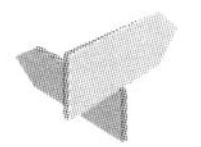

职业能力目标和要求

- 掌握 Docker 存储的基本类型。
- 掌握 Docker 存储的主要命令。
- 掌握 Docker 存储不同方式的操作方法。
- 使用挂载绑定方式运行容器。
- 使用数据卷方式运行容器。
- 使用数据卷容器运行容器。
- 使用共享存储方式运行容器。

6.1 Docker 存储的基本类型

6.1.1 Docker 存储的基本模式

每个容器都被自动分配了本地存储，也就是内部存储。容器由一个可写容器层和若干个只读镜像层组成，容器的数据就存放在这些层中。每个容器的本地存储空间都是这种分层结构。分层结构有助于镜像和容器的创建、共享和分发。容器本地存储采用的是联合文件系统，这种文件系统将其他文件系统合并到一个联合挂载点，实现了多层数据的叠加并对外提供一个统一视图。容器的本地存储是通过存储驱动进行管理的。存储驱动控制镜像和容器在 Docker 主机上的存储和管理方式。Docker 通过插件机制支持不同的存储驱动，不同的存储驱动采用不同的方法实现镜像层构建和写时复制策略。每个 Docker 主机只能选择一种存储驱动，不能为每个容器选择不同的存储驱动。在 Docker 存储中，容器的数据默认保存在容器的可读写层，当容器被删除时，容器中的数据将会丢失。数据持久化是指数据存储于主机上，不随着容器的删除而丢失。

Docker 有 4 种存储模式，即默认模式、数据卷（volumes）模式、挂载绑定（bind mounts）模式、tmpfs mounts 模式（仅在 Linux 环境中提供），其中，volumes、bind mounts 两种模式实现容器数据持久化。volumes、bind mounts、tmpfs mounts 三种存储模式的不同如图 6.1 所示。

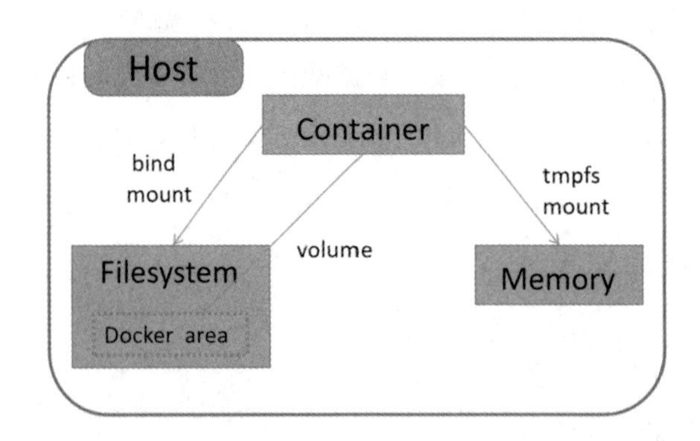

图 6.1　volumes、bind mounts、tmpfs mounts 三种存储模式的不同

1. 默认模式

数据直接存储在容器中，容器被删除后，数据也随之被删除，不支持任何持久性。

2．挂载绑定（bind mount）模式

挂载绑定模式将主机目录挂载到容器中，具备数据持久性。此模式与 Linux 系统的 mount 方式很相似，即使会覆盖容器内已存在的目录或文件，但不会改变容器内原有的文件，卸载后，容器内原有的文件会还原。

用法：docker run -it -v $(pwd)/host-dava:/container-data alpine sh

与卷相比，挂载绑定的功能有限。当使用挂载绑定时，主机上的文件或目录将挂载到容器中，在引用文件或目录时，使用其在主机上的完整路径或相对路径。当使用卷时，在主机上 Docker 的存储目录中创建一个新目录，Docker 管理该目录的内容，该文件或目录不需要已经存在于 Docker 主机上。如果 Docker 主机上不存在该文件或目录，系统会按需创建。挂载绑定的性能非常好，但它们依赖于主机的文件系统，该文件系统具有特定的可用目录结构。如果正在开发新的 Docker 应用程序，可以考虑改用命名卷。不能使用 Docker CLI 命令直接管理绑定挂载。

注意：主机目录的路径必须为全路径(以/或~/开始的路径)，否则 Docker 会将其作为卷处理。如果主机目录不存在，那么 Docker 会自动创建该目录。如果容器中的目录不存在，那么 Docker 会自动创建该目录。如果容器中的目录已经有内容，那么 Docker 会使用主机上的目录将其覆盖。

3．数据卷（volume）模式

通过被 Docker 管理的卷，将容器的数据持久化到主机的特定目录。数据卷模式同样绕过容器的文件系统，直接将数据写到主机上，但数据卷是被 Docker 管理的，Docker 下所有的数据卷都在 host 机器的指定目录（/var/lib/docker/volumes）下。

用法：docker run -it -v my-volume:/mydata alpine sh

注意：若指定的数据卷不存在，Docker 会自动创建数据卷并挂载。若不指定主机上的数据卷，Docker 将自动创建一个匿名的数据卷并挂载。用户也可以自行创建数据卷，再使用 docker run 命令挂载。与挂载绑定模式不同的是，如果数据卷是空的而容器中的目录有内容，那么 Docker 会将容器目录中的内容复制到数据卷中，但是如果数据卷中已经有内容，则会将容器中的目录覆盖。

4．tmpfs mounts 模式

数据暂存在主机内存中，不会写入文件系统，重启后，数据被删除。

6.1.2 Docker 存储的主要类型

1. 无数据持久化方式

在 Docker 存储中，无数据持久化方式是最基本的一种存储类型，因为在创建容器时没有指定任何与卷相关的选项，所以数据保存在容器内部，升级容器会导致容器中的数据丢失。无数据持久化方式如图 6.2 所示。

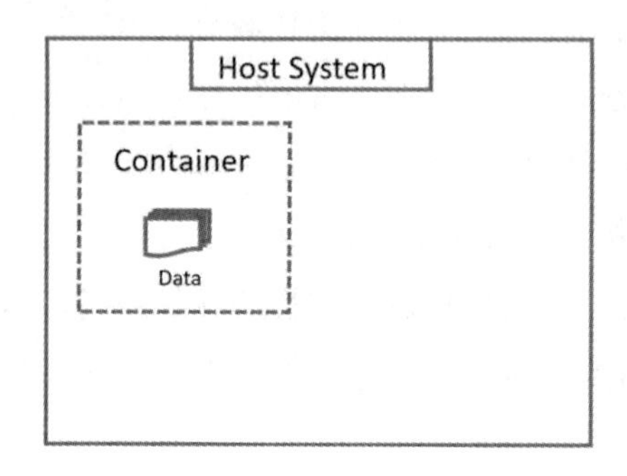

图 6.2 无数据持久化方式

2. 挂载绑定（bind mount）方式

在进行容器的存储时，挂载绑定方式直接将主机上的指定目录挂载到容器中。容器内的数据被存放到宿主机文件系统的任意位置，甚至存放到一些重要的系统目录或文件中。因此，除 Docker 之外的进程也可以任意对数据进行修改。挂载绑定方式如图 6.3 所示。

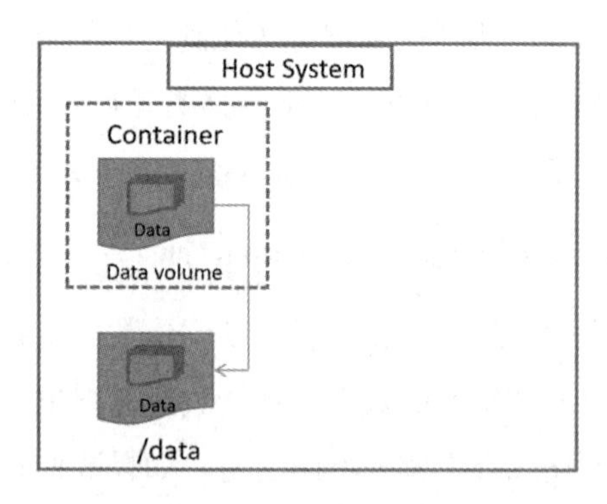

图 6.3 挂载绑定方式

3. 数据卷（volume）方式

在创建容器时指定 volume 选项，数据卷位于主机系统的特定位置，如/var/lib/docker/volumes/_container_name_/_data 目录。用户可以使用 docker inspect 命令查看容器的信息，这种方式在升级容器时不会改动数据。数据卷方式如图 6.4 所示。

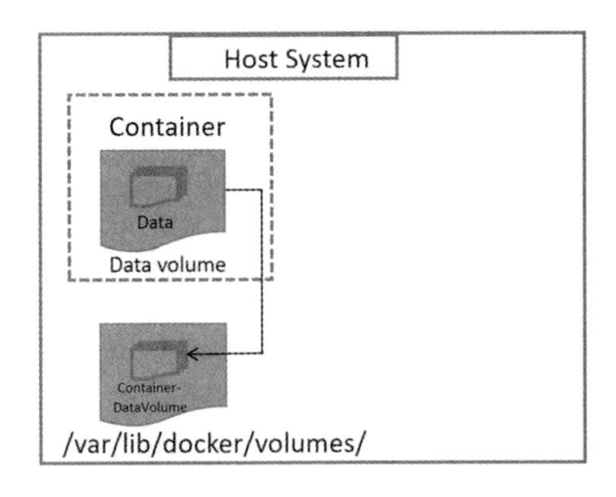

图 6.4　数据卷方式

4．数据卷容器方式

首先创建一个数据卷容器（通常以 busybox 或 alpine 为基础镜像）。然后在启动主容器时使用-volumes-from 选项，把数据卷容器的所有卷映射到主容器内。数据卷容器方式是一种典型的随从模式实现。数据卷容器方式如图 6.5 所示。

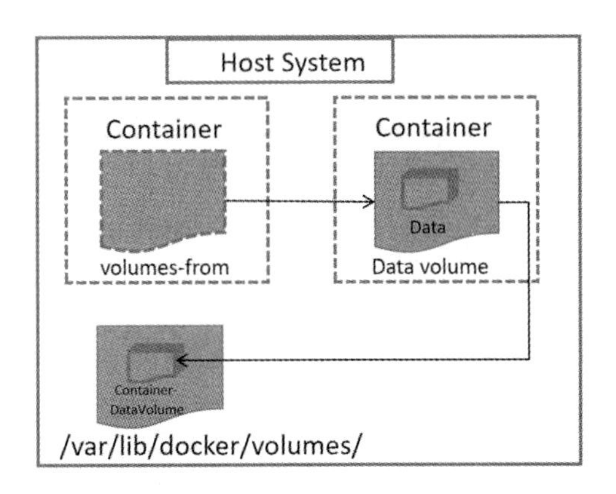

图 6.5　数据卷容器方式

5．共享存储方式

共享存储方式把共享存储（如 NFS、Gluster 等）的目录映射为主机目录或数据卷，再映射到容器。这种方式的主要优点是：即使主机失效，容器的数据也不会丢失，可以实现主机级别的数据持久化。

6.2 Docker 存储的主要命令

1．docker volume create 命令

- 命令说明：创建一个卷。
- 命令用法：

  docker volume create [OPTIONS] [VOLUME]
- 扩展说明：使用 docker volume create 命令可以创建卷，创建容器可以使用新卷并在新卷中存储数据。查看安装的 Docker 版本可以使用 docker version 命令。docker volume create 命令的选项如表 6.1 所示。

表 6.1　docker volume create 命令的选项

选　项	默　认	描　述
--driver（简写为-d）	local	指定卷驱动程序的名称
--label		为卷设置元数据
--name		指定卷名
--opt（简写为-o）		设置驱动程序特定选项

在创建一个容器时可以使用新卷。卷名在驱动程序中必须是唯一的，这意味着两个不同的驱动程序不能使用相同的卷名。在创建容器时，如果没有指定名称，Docker 会随机生成一个名称。创建没有指定名称的卷：

```
[root@master ~]# docker volume create
9ec0dc5a1425e149bc41a1af55573742c16bdb85cc6f417327e37ecc0b81c653
```

创建一个名为 v1 的卷，并且配置容器来使用该卷：

```
[root@master ~]# docker volume create v1
v1
[root@master ~]# docker run -d -v hello:/world centos ls /world
852775a88555dc4accdcce382c1b5218eb58c7fb0892280e87e88e16126a7917
[root@master ~]#
```

挂载是在容器/world 目录中创建的。Docker 不支持容器内挂载点的相对路径。多个容器可以在同一时间段内使用相同的卷。如果两个容器需要访问共享数据，可以将数据写入其中一个容器，另一个容器读取数据。有些卷驱动程序可能会选择自定义卷的创建。卷驱动程序 local 在 Windows 上的内置驱动程序不支持任何选项。Linux 中的内置驱动程序接受类似于 Linux 中 mount 命令的选项。用户可以通过多次传递--opt 标志来提供多个选项。某些 mount 命令的选项（例如-o 选项）可以采用逗号分隔的选项列表，用户可以在此处找到

可用安装选项的完整列表。

2. docker volume inspect 命令

- 命令说明：显示一个或多个卷的详细信息。
- 命令用法：

  docker volume inspect [OPTIONS] VOLUME [VOLUME...]
- 扩展说明：创建卷后，可以通过 docker volume inspect 命令显示卷的详细信息。在默认情况下，在此命令将所有结果呈现在 JSON 数组中。用户可以指定替代格式来使每个结果使用给定的模板。docker volume inspect 命令的选项如表 6.2 所示。

表 6.2 docker volume inspect 命令的选项

选 项	描 述
--format（简写为-f）	使用给定的 Go 模板格式化输出

使用 docker volume inspect 命令检查卷的配置：

```
[root@master ~]# docker volume create  myvolume
myvolume
[root@master ~]# docker volume inspect  myvolume
[
    {
        "Driver": "local",
        "Labels": {},
        "Mountpoint": "/var/lib/docker/volumes/myvolume/_data",
        "Name": "myvolume",
        "Options": {},
        "Scope": "local"
    }
]
```

使用--format 选项指定使用 Go 模板格式化输出，例如打印 Mountpoint 属性：

```
[root@master ~]# docker volume inspect --format '{{.Mountpoint}}' myvolume
/var/lib/docker/volumes/myvolume/_data
[root@master ~]#
```

3. docker volume ls 命令

- 命令说明：列出卷。
- 命令用法：

docker volume ls [OPTIONS]

docker volume ls 命令的主要选项如表 6.3 所示。

表 6.3　docker volume ls 命令的主要选项

选　项	描　述
--filter（简写为-f）	提供过滤器值（如 dangling=true）
--format	使用 Go 模板打印卷
--quiet（简写为-q）	只显示卷名

列出创建的卷：

```
[root@master ~]# docker volume ls
DRIVER              VOLUME NAME
[root@master ~]# docker volume create one
one
[root@master ~]# docker volume ls
DRIVER              VOLUME NAME
local             one
[root@master ~]#
```

-f 或--filter 选项的格式为"key=value"。如果有多个过滤器，则传递多个标志（例如，--filter "foo=bar" --filter "bif=baz"）。目前支持的过滤器有 dangling（布尔值——true 或 false，0 或 1）、驱动程序（卷驱动程序的名称）、标签（label=<key>或 label=<key>=<value>）、名称（卷的名称）。

驱动程序筛选器根据卷的驱动程序匹配卷。标签筛选器根据单独存在的标签或标签和值来匹配卷。创建一些卷：

```
[root@master ~]# docker volume create the-doctor  --label is-timelord=yes
the-doctor
[root@master ~]# docker volume create daleks  --label is-timelord=no
daleks
```

在下面的示例中，筛选器将卷与 is timelord 标签匹配，而不考虑其值：

```
[root@master ~]# docker volume ls --filter label=is-timelord
DRIVER          VOLUME NAME
local             daleks
local             the-doctor
```

如上面的示例所示，返回 is timelord=yes 和 is timelord=no 的两个卷。

指定多个标签，过滤器会产生“和”搜索，例如：

```
[root@master ~]# docker volume ls --filter label=is-timelord=yes --filter label=is-
timelord=no
DRIVER              VOLUME NAME
[root@master ~]#
```

名称筛选器匹配卷的全部或部分名称。以下筛选器匹配名称中包含 t 字符串的所有卷：

```
[root@master ~]# docker volume ls -f name=t
DRIVER              VOLUME NAME
local               the-doctor
local               tyler
[root@master ~]#
```

格式化选项（--format）相当于使用 Go 模板打印卷。Go 模板的有效占位符如表 6.4 所示。

表 6.4　Go 模板的有效占位符

占 位 符	描　述
.Name	卷名
.Driver	音量驱动
.Scope	卷范围（本地、全局）
.Mountpoint	卷在主机上的挂载点
.Labels	分配给卷的所有标签
.Label	此卷的特定标签的值。例如{{.Label "project.version"}}

当使用--format 选项时，docker volume ls 命令要么按照模板声明的方式输出数据，要么在使用 table 指令时包括列标题。以下示例使用没有标题的模板，并输出所有卷的名称和驱动程序条目（以冒号分隔）：

```
[root@master ~]# docker volume ls --format "{{.Name}}:{{.Driver}}"
daleks:local
one:local
the-doctor:local
tyler:local
[root@master ~]#
```

4．docker volume prune 命令

- 命令说明：删除所有未使用的本地卷。
- 命令用法：

  docker volume prune [OPTIONS]

● 扩展说明：使用 docker volume prune 命令可以删除所有未使用的本地卷。未使用的本地卷是那些未被任何容器引用的卷。docker volume prune 命令的选项如表 6.5 所示。

表 6.5　docker volume prune 命令的选项

选　项	描　述
--filter	提供过滤器值（如'label=<label>'）
--force（简写为-f）	不提示确认

删除未被任何容器引用的卷：

```
[root@master ~]# docker volume prune
WARNING! This will remove all volumes not used by at least one container.
Are you sure you want to continue? [y/N] y
Deleted Volumes:
the-doctor
daleks
one
Total reclaimed space: 0 B
```

5. docker volume rm 命令

● 命令说明：删除一个或多个卷。

● 命令用法：

docker volume rm [OPTIONS] VOLUME [VOLUME...]

● 扩展说明：删除一个或多个卷可以使用 docker volume rm 命令。此命令不能删除正在使用的卷。docker volume rm 命令的选项如表 6.6 所示。

表 6.6　docker volume rm 命令的选项

选　项	描　述
--force（简写为-f）	强制删除一个或多个卷

先创建再删除名为 myhello 的卷：

```
[root@master ~]# docker volume ls
DRIVER              VOLUME NAME
local               tyler
[root@master ~]# docker volume create myhello
myhello
[root@master ~]# docker volume ls
```

```
DRIVER              VOLUME NAME
local             myhello
local             tyler
[root@master ~]# docker volume rm myhello
myhello
[root@master ~]# docker volume ls
DRIVER              VOLUME NAME
local             tyler
[root@master ~]#
```

6.3 不同 Docker 存储方式的操作方法

6.3.1 挂载绑定方式示例

```
[root@master ~]# docker run -d --name myweb1 -v /httpd-docker:/var/www/html:ro -p
10001:80  centos
1a669c9754eec533e589f5959280cd7c0543bb9207afe72b78993254da8e7a2b
```

6.3.2 数据卷方式示例

```
[root@master ~]# docker run -d --name myweb2 -v /var/www/html -p 10002:80 centos
a6a86d37ba62221419155f866ee87e213ed35caf7d4d806ee7146b99edffc66b
```

6.3.3 数据卷容器方式示例

（1）创建数据卷容器：

```
[root@master ~]# docker run -d --name htmldata -v /httpd-docker:/var/www/html busybox
e7c0ad554b89be34ed3df9c8f103562fc056a6e08a135506645cc978d3f93e4b
```

（2）挂载数据卷容器的数据卷：

```
[root@master ~]# docker run -d --name myweb3 --volumes-from htmldata -p 10003:80
busybox
878eaaa123501813449820bc2670ac16f99f228770b07a7eaaaf830378604461
[root@master ~]# docker run -d --name myweb4 --volumes-from htmldata -p 10004:80
busybox
3819993477bd0b0f90bd177e661dec0d4e273877c93f564cf5f3fe0a356d1d60
```

使用--volumes-from 选项挂载数据卷的容器，自己并不需要保持运行状态，已经挂载了数据卷的容器可以级联挂载数据卷。

（3）将数据卷备份到当前目录。

（4）数据卷还原。

6.3.4 共享存储方式示例

（1）安装配置 NFS：

```
[root@master ~]# yum -y install nfs-utils
已加载插件：fastestmirror, langpacks, product-id, search-disabled-repos, subscription-
manager

This system is not registered with an entitlement server. You can use subscription-
manager to register.
Loading mirror speeds from cached hostfile
file:///mnt/cdrom/repodata/repomd.xml: [Errno 14] curl#37 - "Couldn't open file
/mnt/cdrom/repodata/repomd.xml"
正在尝试其他镜像
centos-mirror
| 2.9 kB  00:00:00
软件包 1:nfs-utils-1.3.0-0.65.el7.x86_64 已安装并且是最新版本
无须任何处理
[root@master ~]# echo "/nfs-root 192.168.109.0/24(rw,sync,no_root_squash)" >>
/etc/exports
[root@master ~]# systemctl restart nfs
[root@master ~]#
```

（2）创建 NFS 类型的数据卷：

```
[root@master ~]# docker volume create --driver local --opt type=nfs --opt
o=addr=192.168.109.102,rw --opt device=:/nfs-root httpd-docker
httpd-docker
[root@master ~]#
```

（3）容器运行挂载共享数据卷：

```
[root@master ~]# docker run -d --name myweb5 -v httpd-docker:/var/www/html -p
10005:80 centos
a30e52473a6035791f472f88361fcc257448c698e72db0598c89d8a89b7f1079
```

6.4　采用数据持久化运行并管理 Nginx 容器

通过对 Docker 存储相关知识的学习，我们可以在前面章节已搭建好的 Docker 系统测试环境中为 Nginx 容器配置共享持久化存储。

6.4.1　使用挂载绑定方式运行 Nginx

在 master 节点上使用挂载绑定方式为 Nginx 容器实现数据持久化，并通过设置 html 主页文件进行验证。

使用 docker run 命令运行 Nginx 容器，将 Nginx 主页目录挂载到本地主机的指定目录下，并设置端口映射。本地主机指定目录自动生成；使用 echo 命令在本地主机指定目录下生成 html 主页文件；使用 curl 命令查看 Nginx 服务主页；使用 docker inspect 命令查看 Nginx 容器的挂载情况。运行过程如下：

```
[root@master ~]#  docker run -d --name nsv11 -v ~/nsv11-data:/usr/local/nginx/html/ -
p 10011:80 mynginx:v1.0
8c08b3da28e832b526b3ed9e14de0c8b2c077dec00e38dda0eac7743294bad60
[root@master ~]# ls
~  anaconda-ks.cfg  nsv11-data
[root@master ~]# echo "Test for nsv11." > ./nsv11-data/index.html
[root@master ~]# curl master:10011
Test for nsv11.
[root@master ~]# docker inspect nsv11 --format "{{.Mounts}}"
[{bind  /root/nsv11-data /usr/local/nginx/html   true rprivate}]
```

6.4.2　使用数据卷方式运行 Nginx

在 master 节点上通过自动挂载到数据卷，生成数据卷并挂载到生成的数据卷为 Nginx 容器实现数据持久化，并通过设置 html 主页文件进行验证。

使用 docker run 命令运行 Nginx 容器，将 Nginx 主页目录自动挂载到数据卷，并设置端口映射；使用 curl 命令查看 Nginx 服务主页；使用 docker inspect 命令查看 Nginx 容器的挂载情况。运行过程如下：

```
[root@master ~]# docker run -d --name nsv21 -v /usr/local/nginx/html/ -p 10021:80
mynginx:v1.0
0d229c6675d6f7d98dec35ffc712a9f98da0f5931e945f59d80a378a00b0be14
[root@master ~]# curl master:10021
```

```
My Nginx based Docker.
[root@master ~]# docker inspect nsv21 --format "{{.Mounts}}"
[{volume 6644aaed36b0366254f67ed4b895ebb59417ab518e466cfd7dcd262f95769e9e/var/lib/
docker/volumes/6644aaed36b0366254f67ed4b895ebb59417ab518e466cfd7dcd262f95769e9e/_data
/usr/local/nginx/html local  true }]
[root@master ~]#
```

使用 docker volume create 命令生成数据卷；使用 docker run 命令运行 Nginx 容器，将 Nginx 主页目录挂载到生成的数据卷，并设置端口映射；使用 docker inspect 命令查看 Nginx 容器的挂载情况；使用 echo 命令在数据卷中生成 html 主页文件；使用 curl 命令查看 Nginx 服务主页。运行过程如下：

```
[root@master ~]# docker volume create myvolume22
myvolume22
[root@master ~]# docker run -d --name nsv22 -v myvolume22:/usr/local/nginx/html/ -p
10022:80 mynginx:v1.0
32ca2787978efc3d6c1c3922a3e2bea26f25b90b9ee34a61dd8501eb2fe45770
[root@master ~]# docker inspect nsv22 --format "{{.Mounts}}"
[{volume myvolume22 /var/lib/docker/volumes/myvolume22/_data /usr/local/nginx/html
local z true }]
[root@master ~]# echo "Test for nsv22." >
/var/lib/docker/volumes/myvolume22/_data/index.html
[root@master ~]# curl master:10022
Test for nsv22.
[root@master ~]#
```

使用 docker volume inspect 命令查看数据卷的信息。运行过程如下：

```
[root@master ~]# docker volume inspect myvolume22
[
    {
        "CreatedAt": "2020-05-10T21:45:29+08:00",
        "Driver": "local",
        "Labels": {},
        "Mountpoint": "/var/lib/docker/volumes/myvolume22/_data",
        "Name": "myvolume22",
        "Options": {},
        "Scope": "local"
    }
]
[root@master ~]#
```

6.4.3 使用数据卷容器方式运行 Nginx

在 master 节点上使用数据卷容器为 Nginx 容器实现数据持久化，对数据卷容器的数据进行备份和恢复，并通过设置 html 主页文件进行验证。

使用 docker run 命令基于 busybox 镜像运行数据卷容器，将数据卷指定目录（Nginx 主页目录）挂载到本地主机的指定目录下；使用 docker run 命令运行 Nginx 容器，从生成的数据卷容器挂载数据卷，并设置端口映射；使用 echo 命令在本地主机的指定目录下生成 html 主页文件；使用 curl 命令查看 Nginx 服务主页。运行过程如下：

```
[root@master ~]# docker run -d --name dvc31 -v ~/dvc31-data:/usr/local/nginx/html/
busybox
33053ea053178dd07f751b323ff0ee507fd694262c51e777e9d653bbaf3caf6c
[root@master ~]# docker run -d --name nsv31 --volumes-from dvc31  -p 10031:80
mynginx:v1.0
c404177590c9f14d00fdd1f442b52bf8fbfe0882446d7109fc88714106109ee7
[root@master ~]# echo "Test for nsv31." > ~/dvc31-data/index.html
[root@master ~]# curl master:10031
Test for nsv31.
```

使用 docker run 命令基于 busybox 镜像运行临时容器来备份数据卷容器的数据，并设置为运行结束即删除；从生成的数据卷容器挂载数据卷，并将临时容器中的备份目录挂载到本地主机的当前目录；在临时容器中执行 tar 命令来打包数据卷容器中的数据；在当前目录查看备份文档情况。运行过程如下：

```
[root@master ~]# docker run --rm --volumes-from dvc31 -v $(pwd):/backup --name
databackup busybox tar cvf /backup/backup.tar /usr/local/nginx/html/
tar: removing leading '/' from member names
usr/local/nginx/html/
usr/local/nginx/html/index.html
[root@master ~]# ls
~           backup.tar  dvc31-data  nsv11-data
anaconda-ks.cfg
[root@master ~]#
```

删除数据卷容器挂载的本地指定目录；使用 docker run 命令基于 busybox 镜像运行临时容器来恢复数据卷容器的数据；从生成的数据卷容器挂载数据卷，并将临时容器中的备份目录挂载到本地主机的当前目录；在临时容器中执行 tar 命令解包备份数据；查看数据卷容器挂载的本地指定目录是否成功恢复。运行过程如下：

```
[root@master ~]# rm -rf dvc31-data/
```

```
[root@master ~]# ls
~              backup.tar  anaconda-ks.cfg
busybox.tar  nsv11-data
[root@master ~]# docker run --rm --volumes-from dvc31 -v $(pwd):/backup --name
datarestore busybox tar xvf /backup/backup.tar
usr/local/nginx/html/
usr/local/nginx/html/index.html
[root@master ~]# ls
~              backup.tar  dvc31-data  nsv11-data
anaconda-ks.cfg
[root@master ~]#
```

6.4.4 使用共享存储方式运行 Nginx

在 master 节点安装、配置和运行 NFS 服务，并在共享目录中设置 html 主页文件；在 node1 节点通过生成挂载 NFS 的数据卷为 Nginx 容器实现数据持久化，并通过设置的 html 主页文件进行验证；使用 mount 命令挂载 CentOS 7 安装光盘；使用 yum 命令安装 NFS 服务器软件。运行过程如下：

```
[root@master ~]# mount  /dev/sr0  /mnt/cdrom/
mount: /dev/sr0 is write-protected, mounting read-only
[root@master ~]# yum -y install nfs-utils
Loaded plugins: fastestmirror
Loading mirror speeds from cached hostfile
cdrom                                                | 3.6 kB     00:00
......
Dependency Installed:
  gssproxy.x86_64 0:0.7.0-26.el7          keyutils.x86_64 0:1.5.8-3.el7
......
Complete!
[root@master ~]#
```

在 master 节点使用 echo 命令在/etc/exports 文件中配置 NFS 共享目录，指定共享目录，以及可访问的网段、访问权限等；使用 systemctl 命令重启 NFS 服务，并查看进程情况；在主机中创建共享目录；使用 echo 命令在共享目录下生成 html 主页文件；将 myniginx 镜像上传到私有仓库，以供 node1 拉取。运行过程如下：

```
[root@master ~]# echo  "/nfs-root  192.168.247.0/24(rw,sync,no_root_squash)"  >>
/etc/exports
[root@master ~]# systemctl restart nfs
[root@master ~]# ps -ef|grep nfs
```

```
root  3756  2  0 00:24 ?    00:00:00 [nfsd4_callbacks]
……
[root@master ~]# mkdir  /nfs-root
[root@master nfs-root]# echo "Test for nsv41(nfs)." > /nfs-root/index.html
[root@master nfs-root]# docker tag mynginx:v1.0 192.168.247.99:5000/mynginx:v1.0
[root@master nfs-root]# docker push 192.168.247.99:5000/mynginx:v1.0
……
[root@master nfs-root]#
```

在 node1 节点使用 mount 命令挂载 CentOS 7 安装光盘；使用 yum 命令安装 showmount 软件（showmount 命令用于查询 NFS 服务器的相关信息，安装后才能在客户端正常使用 NFS 服务）；使用 docker pull 命令拉取上传的 mynginx 镜像。运行过程如下：

```
[root@node1 ~]# mount  /dev/sr0  /mnt/cdrom/
mount: /dev/sr0 is write-protected, mounting read-only
[root@node1 ~]# yum install -y showmount
Loaded plugins: fastestmirror
Determining fastest mirrors
cdrom                                               | 3.6 kB  00:00:00
……
 tcp_wrappers.x86_64 0:7.6-77.el7

Complete!
[root@node1 ~]# docker pull 192.168.247.99:5000/mynginx:v1.0
……
[root@node1 ~]#
```

在 node1 节点使用 docker volume create 命令生成数据卷，指定驱动为 local，并设置 NFS 挂载的选项；使用 docker run 命令运行 Nginx 容器，将 Nginx 主页目录挂载到生成的数据卷，并设置端口映射；使用 curl 命令查看 Nginx 服务主页。运行过程如下：

```
[root@node1 ~]# docker volume create --driver local --opt type=nfs --opt
o=addr=192.168.247.99,rw --opt device=:/nfs-root myvolume41-nfs
myvolume41-nfs
[root@node1 ~]# docker run -d --name nsv41 -v myvolume41-nfs:/usr/local/nginx/html/ -
p 10041:80 192.168.247.99:5000/mynginx:v1.0
55600bb71d374565fade79930f1b75307d90f3033456ee4a011a48f316045e3f
[root@node1 ~]# curl node1:10041
Test for nsv41(nfs).
```

本章练习题

多选题

1．Docker 数据存储的主要模式包括（　　）。

A．挂载绑定模式　　B．数据卷模式
C．保存在容器的可读写层　　D．保存在镜像文件中

2．采用挂载绑定模式时，可以作为主机目录的路径为（　　）。

A．/usr-path　　B．~/usr-path
C．./usr-path　　D．/usr/usr-path

3．采用数据卷模式时，下列说法正确的是（　　）。

A．如果指定的数据卷不存在，Docker 会自动创建数据卷并挂载
B．如果不指定主机上的数据卷，Docker 会自动创建一个匿名的数据卷并挂载
C．如果数据卷是空的而容器中的目录有内容，Docker 会将容器目录中的内容复制到数据卷中
D．如果数据卷中已经有内容，Docker 会将容器中的目录覆盖

4．不能实现主机级别的数据持久化的方式是（　　）。

A．挂载绑定方式　　B．数据卷方式
C．数据卷容器方式　　D．共享存储方式

5．在 docker volume 管理命令中，不能显示数据卷详细信息的命令是（　　）。

A．inspect　　B．ls
C．info　　D．stat

项目 7 Docker 网络管理

项目导入

经过这段时间对 Docker 容器和镜像的使用，研发部有很多工程师只是停留在简单地使用和维护上，于是公司继续安排工程师小刘深入研究 Docker 技术。对于高级运维，公司希望小刘能从 Docker 网络管理这个方面进行研究和整理。Docker 允许通过外部访问容器或容器互联的方式来提供网络服务，这是生产环境下的重要服务手段，因此要熟练掌握 Docker 网络的基本原理和主要操作方法。

职业能力目标和要求

- 熟悉 Docker 网络的基本类型。
- 掌握 Bridge 网络模式的基本原理。
- 掌握 Docker 网络操作命令的使用。
- 掌握通过端口映射运行容器的方法。
- 掌握容器互联的方法。
- 掌握创建以 Bridge 为驱动的网络的方法。

7.1 Docker 网络

7.1.1 Docker 网络基本原理

要实现网络通信，机器需要至少一个网络接口（物理接口或虚拟接口）来收发数据包。如果不同子网之间需要进行通信，则需要路由机制。

Docker 中的网络接口默认都是虚拟接口，虚拟接口的优势之一是转发效率较高。Linux 通过在内核中进行数据复制来实现虚拟接口之间的数据转发，发送接口的发送缓存中的数据包被直接复制到接收接口的接收缓存中。Docker 在启动时，会自动在主机上创建一个 docker0 虚拟网桥（Linux 的一个 Bridge），它会在挂载到它的网口之间进行转发。同时，Docker 随机分配一个本地未占用的私有网段中的地址给 docker0 接口，此后启动的容器内的网口也会自动分配一个同一网段（172.17.0.0/16）的地址。在创建一个 Docker 容器时，会同时创建了一对 veth pair 接口（当数据包发送到一个接口时，另外一个接口也可以收到相同的数据包）。这对接口的一端在容器内，即 eth0；另一端在本地并被挂载到 docker0 网桥，名称以 veth 开头（例如 vethAQI2QT）。通过这种方式，主机可以跟容器通信，容器之间也可以相互通信。

Docker 创建一个容器需要执行如下操作。

（1）创建一对虚拟接口，分别放到本地主机和新容器中。

（2）本地主机一端桥接到默认的 docker0 虚拟网桥或指定网桥上，并具有一个唯一的名字，如 veth65f9。

（3）容器一端放到新容器中，修改名字并作为 eth0，这个接口只在容器的名字空间中可见。

（4）从网桥可用地址段中获取一个空闲地址分配给容器的 eth0，并配置默认路由到桥接网卡 veth65f9。

完成这些之后，容器就可以使用 eth0 虚拟网卡来连接其他容器和网络了。

可以在使用 docker run 命令的时候通过--net 选项指定容器的网络配置，该选项有 4 个可选值。

（1）--net=bridge：默认值，连接到默认的网桥。

（2）--net=host：告诉 Docker 不要将容器网络放到隔离的名字空间中，即不要容器化容器内的网络。此时容器使用本地主机的网络，拥有完全的本地主机接口访问权限。容器进程可以和本地主机的其他 root 进程一样打开低范围的端口，可以访问本地网络服务，如 D-Bus，还可以让容器做一些影响整个主机系统的事情，比如重启主机。因此使用这个选项的时候要非常小心。如果进一步的使用--privileged=true，容器会被允许直接配置主机的网络堆栈。

（3）--net=container:NAME_or_ID：让 Docker 将新建容器的进程放到一个已存在的容器的网络栈中，新容器进程有自己的文件系统、进程列表和资源限制，但会和已存在的容器共享 IP 地址和端口等网络资源。

（4）--net=none：让 Docker 将新容器放到隔离的网络栈中，但是不进行网络配置。之后，用户可以自己进行配置。

主机和多个容器之间的一个虚拟共享网络如图 7.1 所示。

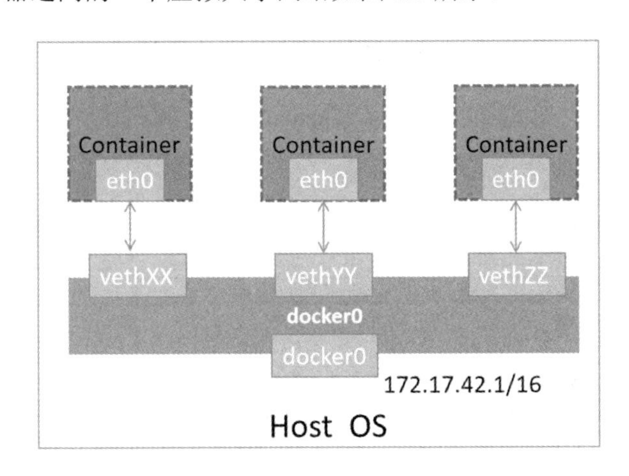

图 7.1 主机和多个容器之间的一个虚拟共享网络

7.1.2 Docker 网络的主要功能

容器不是孤立的，可能需要与其他容器进行通信，还可能需要与外部网络进行通信，这就需要使用 Docker 网络。网络可以说是虚拟化技术最复杂的部分之一，也是 Docker 应用中最重要的环节之一。Docker 网络管理主要解决容器的网络连接问题，以及容器之间或容器与外部网络之间的通信问题，它的实现目标是提供可扩展、可移植的容器网络，解决容器的联网和通信问题。Docker 网络的主要功能如下。

（1）Docker 允许通过外部访问容器或以容器互联方式提供网络服务，容器有自己的内部网络和 IP 地址。

（2）外部访问容器。容器中可以运行一些网络应用，并在运行容器时指定端口映射来让外部访问这些应用（使用-P 或-p 选项）。

（3）容器互联。容器互联系统是除端口映射外，另一种和容器中应用交互的方式，该系统会在源和接收容器之间创建一个隧道，接收容器可以看到源容器指定的信息。容器互联系统根据容器的名称来执行，使用--link 选项可让容器之间安全地进行交互。

（4）高级网络配置。Docker 在启动时，会自动在主机上创建一个 docker0 虚拟网桥（Bridge），所以 Docker 所有的网络可以定制配置，通过 Linux 命令来调整、补充，甚至替换 Docker 默认的网络配置。

7.1.3 Docker 网络的基本类型

在创建容器时，用户可以指定容器的网络模式。Docker 可以有以下 4 种网络模式，这些网络模式决定了容器的网络连接。Docker 网络的基本类型如表 7.1 所示。

表 7.1 Docker 网络的基本类型

网络模式	简介	备注
Host	容器将不会虚拟出自己的网卡，配置自己的 IP 地址等，而是使用宿主机的 IP 地址和端口	弊端：同一个端口只能在同一时间被一个容器服务绑定
Bridge	此模式会为每一个容器分配、设置 IP 地址等，并将容器连接到一个 docker0 虚拟网桥，通过 docker0 虚拟网桥以及 iptables nat 表配置与宿主机通信	默认模式
None	该模式关闭了容器的网络功能	容器没有任何的网络资源
Container	创建的容器不会创建自己的网卡，配置自己的 IP 地址，而是和一个指定的容器共享 IP 地址、端口范围	两个容器之间可以通过环回地址网卡进行通信，并且在文件系统、进程表等方面实现隔离
自定义网络	用户自定义模式主要可选的有 3 种网络驱动：Bridge、Overlay、Macvlan。Bridge 驱动用于创建类似于前面提到的 Bridge 网络。Overlay 和 Macvlan 驱动用于创建跨主机的网络	该模式在容器之间使用别名相互通信，有着举足轻重的作用

1. Docker 默认网络

在安装 Docker 时，Docker 会自动创建 3 个网络，即 bridge、none、host。Docker 守护程序默认将容器连接到 bridge 网络。运行容器时，也可使用-network 选项指定容器应连接哪个网络。查看 Docker 安装时自动创建的网络，运行过程如下：

```
[root@master ~]# docker network ls
```

```
NETWORK ID      NAME        DRIVER      SCOPE
7d353204d207    bridge      bridge      local
8bf68d693857    host        host        local
79589ba34b27    none        null        local
```

2. Host 网络模式

选择 Host 网络模式的容器使用 Host 驱动，直接连接 Docker 主机网络栈。这种网络模式实质上是关闭 Docker 网络，而让容器直接使用主机操作系统的网络。

Host 网络模式的主要特点如下。

（1）容器与宿主机在同一个网络中，但没有独立的 IP 地址。

（2）网络名字空间（Network Namespace）提供了独立的网络环境，包括与其他网络名字空间隔离的网卡、路由、iptables 规则等。

（3）一个 Docker 容器一般会分配一个独立的网络名字空间。

（4）如果启动容器时使用 Host 网络模式，则这个容器将不会获得一个独立的网络名字空间，而是和宿主机共用一个网络名字空间。容器不会虚拟出自己的网卡，配置自己的 IP 地址等，而是使用宿主机的 IP 地址和端口。容器的其他方面，如文件系统、进程列表等其他方面，仍然与宿主机隔离。

3. Bridge 网络模式

选择 Bridge 网络模式的容器使用 Bridge 驱动连接桥接网络。在 Docker 中，桥接网络使用软件网桥，让连接同一桥接网络的容器之间可以相互通信，同时隔离那些没有连接该桥接网络的容器。Bridge 驱动自动在 Docker 主机中安装相应规则，让不同桥接网络上的容器之间不能直接相互通信。桥接网络用于在同一 Docker 主机上运行的容器之间的通信。在不同 Docker 主机上运行的容器，可以在操作系统层级管理路由，或者使用 Overlay 网络来实现通信。

Bridge 网络模式的主要特点如下。

（1）容器使用独立网络名字空间，并连接 docker0 虚拟网卡（默认模式）。

（2）通过 docker0 网桥及 iptables nat 表配置与宿主机通信。

（3）Bridge 模式是 Docker 默认的网络设置，此模式会为每一个容器分配网络名字空间、设置 IP 地址等，并将一个主机上的 Docker 容器连接到一个虚拟网桥上。

4. None 网络模式

该模式将容器放置在它自己的网络栈中，但是并不进行任何配置。实际上该模式关闭了容器的网络功能，它可以用于以下情景。

（1）有一些不需要网络功能的批处理作业。

（2）一些对安全性要求高且不需要联网的应用可以使用 None 模式。如某个容器的唯一用途是生成随机密码，就可以放到 None 网络中避免密码被窃取。

（3）自定义网络。使用 None 模式，容器拥有自己的网络名字空间，但是并不会进行任何网络配置，构造任何网络环境，容器内部只能使用回环网络接口，即使用 IP 地址为 127.0.0.1 的本机网络，没有网络接口、IP 地址、路由等其他网络资源，也没有外部流量的路由，管理员可以自己为容器添加网络接口、配置 IP 地址等。

5. Container 网络模式

Container 网络模式是 Docker 中一种较为特别的网络模式，主要用于容器与容器直接进行频繁交流的情况。通常来说，当要自定义网络栈时，该模式是很有用的。

Container 模式的主要特点如下。

（1）Container 模式指定新创建的容器和已经存在的一个容器共享一个网络名字空间，而不是和宿主机共享。

（2）新创建的容器不会创建自己的网卡，配置自己的 IP 地址，而是和一个指定的容器共享 IP 地址、端口范围等。

（3）两个容器除了网络方面，其他方面，如文件系统、进程列表等还是隔离的。

（4）两个容器的进程可以通过 lo 网卡设备通信。

7.2 Bridge 网络模式的基本原理

7.2.1 Bridge 模式的拓扑

Docker Server 在启动时，会在主机上创建 docker0 虚拟网桥，此主机上启动的 Docker 容器会连接到这个虚拟网桥上。虚拟网桥的工作方式和物理交换机类似，主机上的所有容器通过交换机连在二层网络中。Docker 会从 RFC1918 定义的私有 IP 网段中，选择一个和宿主机不同的 IP 地址和子网分配给 docker0，连接 docker0 的容器就从这个子网中选择一个未被占用的 IP 地址使用。Docker 一般会使用 172.17.0.0/16 这个网段，并将 172.17.0.1/16 分配给 docker0 网桥（网桥的管理接口，在宿主机上作为一块虚拟网卡使用）。Bridge 模式的工作原理如图 7.2 所示。

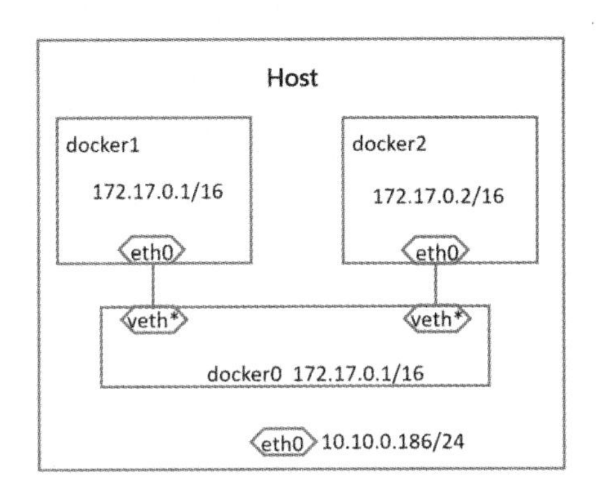

图 7.2　Bridge 模式的工作原理

7.2.2　网络配置过程

在主机上创建一对虚拟网卡（veth pair）设备。虚拟网卡（veth）设备总是成对出现，组成一个数据通道，用来连接两个网络设备。Docker 将 veth pair 设备的一端放在新创建的容器中，并命名为 eth0。另一端放在主机中，以类似于 veth65f9 这样的名字命名，并将这个网络设备加入 docker0 网桥中，用户可以通过 brctl show 命令查看。从 docker0 子网中分配一个 IP 地址给容器使用，并设置 docker0 的 IP 地址为容器的默认网关，配置主机的 iptables 防火墙规则。

7.2.3　容器的通信

1．容器间通信

在 Bridge 模式下，连接在同一网桥上的容器可以相互通信（默认配置-icc=true）。出于安全考虑，也可以禁止它们相互通信，方法是在 DOCKER_OPTS 变量中设置-icc=false，这样，只有使用--link 选项才能使两个容器通信。Docker 可以通过-ip-forward 和-iptables 两个选项控制容器之间，以及容器和外部的通信。

2. 容器与外部通信

主机上的如下 iptables 规则控制容器与外部的通信：

-A POSTROUTING -s 172.17.0.0/16 ! -o docker0 -j MASQUERADE

该规则将源地址 172.17.0.0/16（从 Docker 容器产生），且不是从 docker0 网卡发出的数据包，进行源地址转换，转换为主机网卡地址（SNAT）。从外部来看，这个包是从主机（10.10.101.105）发出来，Docker 容器对外不可见的，从而实现容器与外部的通信。

3. 外部与容器通信

使用 docker run 命令运行容器并进行端口映射后，主机上生成如下 iptables 规则控制外与容器的通信：

-A DOCKER ! -i docker0 -p tcp -m tcp --dport 80 -j DNAT --to-destination 172.17.0.2:80

对主机 eth0 收到的目的端口为 80 的 TCP 流量进行 DNAT 转换，将流量发往 172.17.0.2:80，即创建的 Docker 容器。外界只需访问 10.10.101.105:80 就可以访问容器中的服务，从而实现外部与容器的通信。

7.3 Docker 网络的主要命令

docker network 命令

- 命令说明：网络管理（对应网络管理子业务的管理命令）。
- 命令用法：

  docker network COMMAND

docker network 子命令如表 7.2 所示。

表 7.2 docker network 子命令

命　令	描　述
docker network connect	将容器连接到网络
docker network create	创建网络
docker network disconnect	断开容器与网络的连接
docker network inspect	显示一个或多个网络的细节信息
docker network ls	列出网络列表
docker network prune	移除所有未使用的网络
docker network rm	移除一个或多个网络

1. docker network connect 命令

- 命令说明：将容器连接到网络。
- 命令用法：

  docker network connect [OPTIONS] NETWORK CONTAINER
- 扩展说明：将容器连接到网络，可以按名称或 ID 连接容器。连接后，容器可以与同一网络中的其他容器进行通信。docker network connect 命令的选项如表 7.3 所示。

表 7.3 docker network connect 命令的选项

选 项	描 述
--alias	为容器添加网络范围的别名
--driver-opt	网络驱动程序选项
--ip	IPv4 地址（如 172.30.100.104）
--ip6	IPv6 地址（如 2001:db8::33）
--link	添加到另一个容器的链接
--link-local-ip	为容器添加一个本地链接地址

2. docker network create 命令

- 命令说明：创建网络。
- 命令用法：

  docker network create [OPTIONS] NETWORK

docker network create 命令的部分选项如表 7.4 所示。

表 7.4 docker network create 命令的部分选项

选 项	默 认	描 述
--config-from		从中复制配置的网络
--driver(简写-d）	bridge	指定管理网络的驱动
--ipam-opt		设置 IPAM 驱动程序特定选项
--ingress		创建 swarm 网状路由网络
--ip-range		从指定子网范围分配容器的 IP 地址
--opt（简写为-o）		设置驱动的描述选项

在创建网络时，引擎默认为网络创建一个不重叠的子网。该子网不是现有网络的细分，纯粹是为了 IP 寻址。使用--subnet 选项可以覆盖此默认值并直接指定子网值。在 Bridge 网络上，只能创建一个子网，此外，还可以指定--gateway、--ip-range 和--aux-address 选项。

3. docker network disconnect 命令

- 命令说明：断开容器与网络的连接。
- 命令用法：

  docker network disconnect [OPTIONS] NETWORK CONTAINER
- 扩展说明：容器必须正在运行才能将其与网络断开连接。docker network disconnect 命令的选项如表 7.5 所示。

表 7.5 docker network disconnect 命令的选项

选　项	描　述
--force（简写为-f）	强制断开容器与网络的连接

4. docker network inspect 命令

- 命令说明：显示一个或多个网络的细节信息。
- 命令用法：

  docker network inspect [OPTIONS] NETWORK [NETWOR…]

docker network inspect 命令的选项如表 7.6 所示。

表 7.6 docker network inspect 命令的选项

选　项	描　述
--format（简写为-f）	使用给定的 Go 模板格式化输出
--verbose（简写为-v）	诊断的详细输出

5. docker network ls 命令

- 命令说明：列出网络列表。
- 命令用法：

  docker network ls [OPTIONS]

docker network ls 命令的选项如表 7.7 所示。

表 7.7 docker network ls 命令的选项

选　项	描　述
--filter（简写为-f）	提供过滤器值（如 'driver=bridge'）

续表

选　项	描　述
--format	使用 Go 模板打印网络
--no-trunc	不截断输出
--quiet（简写为-q）	只显示网络 ID

6. docker network prune 命令

- 命令说明：移除所有未使用的网络。
- 命令用法：

  docker network prune [OPTIONS]
- 扩展说明：未使用的网络是那些没有被任何容器引用的网络。docker network prune 命令的选项如表 7.8 所示。

表 7.8　docker network prune 命令的选项

选　项	描　述
--filter	提供过滤器值（如'until = <timestamp>'）
--force（简写为-f）	不提示确认

7. docker network rm

- 命令说明：移除一个或多个网络。
- 命令用法：

  docker network rm NETWORK [NETWORK...]
- 扩展说明：移除网络必须先断开连接到它的所有容器。

7.4　通过端口映射运行容器的方法

7.4.1　随机端口映射

在运行容器时使用-P 选项，Docker 会随机映射一个端口到内部容器开放的网络端口，用法与示例如下。

（1）以端口随机映射方式运行 Nginx 容器：

```
[root@master ~]# docker run -d -P --name nsx nginx
dd1b44f9ffea2b6453c79fc8d1c1a82daa4bd7f93f60cd356c04863a93317745
```

（2）查看端口随机映射情况：

```
[root@master ~]# docker ps | grep nsx
dd1b44f9ffea      nginx          "/docker-entrypoin..."   3 minutes ago      Up 3
minutes       0.0.0.0:32768->80/tcp   nsx
```

7.4.2 指定端口映射

如果在运行容器时使用-p 选项，则可以指定要映射的端口，并且在一个指定端口上只可以绑定一个容器。支持以下 3 种格式：ip:hostPort:containerPort、ip::containerPort、hostPort:containerPort。容器有自己的内部网络和 IP 地址，可以多次使用-p 选项绑定多个端口。用法与示例如下。

（1）按照 3 种格式分别以指定端口映射方式运行 Nginx 容器：

```
oot@master ~]# docker run -d -p 127.0.0.1:8888:80 --name nsy1 nginx
72db7415b143151d717b16ae38610e3493b6dbc21ffe9327a9fff44955d0183a
[root@master ~]# docker run -d -p 127.0.0.2::80 --name nsy2 nginx
0c23974e154c9337138cc3ab9a54ae514a521eb2583487142581dbc020ef773d
[root@master ~]# docker run -d -p 8889:80 --name nsy3 nginx
74c5a5782aa7894c27010c9a41615a6153113e09f18bc93d8d47a2674ecc3d15
[root@master ~]#
```

（2）查看端口指定映射情况：

```
[root@master ~]# docker ps | grep nsy
74c5a5782aa7       nginx          "/docker-entrypoin..."   3 minutes ago      Up 3
minutes       0.0.0.0:8889->80/tcp      nsy3
0c23974e154c       nginx          "/docker-entrypoin..."   3 minutes ago      Up 3
minutes       127.0.0.2:32769->80/tcp   nsy2
72db7415b143       nginx          "/docker-entrypoin..."   3 minutes ago      Up 3
minutes       127.0.0.1:8888->80/tcp    nsy1
[root@master ~]#
```

7.4.3 容器互联

容器互联系统是除端口映射外，另一种和容器中应用交互的方式。系统会在源和接收容器之间创建一个隧道，接收容器可以看到源容器指定的信息。在运行容器时，通过--link 选项建立互联关系。--link 选项的格式为--link name:alias，其中 name 是要连接的容器的名称，alias 是这个连接的别名。Docker 在两个互联的容器间创建了一个安全隧道，并且不用将它们的端口映射到宿主机上。在启动目标容器时并没有使用-p 和-P 选项，从而避免了将容器端口暴露到外部网络上。容器互联如图 7.3 所示。

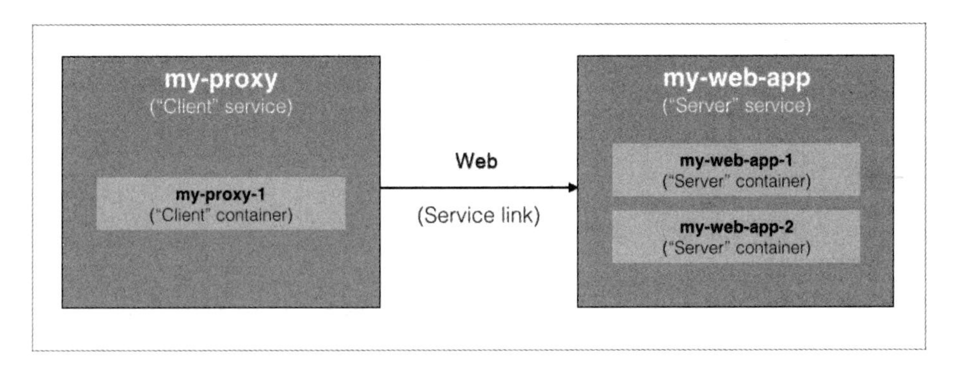

图 7.3 容器互联

用法与示例如下。

（1）运行 linktest 容器，并将它连接到之前运行的 nsy1 容器上：

```
[root@master ~]# docker run -d --name linktest --link nsy1:linktonsy1 nginx
1fe8f87ca4d49e58e9dbcbf2edcb2e61cb95ffadecef6d125a5e6b378052b02b
```

（2）进入 linktest 容器，查看 hosts 文件内容并 ping 连接的 nsy1 容器，验证连接是否成功：

```
docker exec -it linktest /bin/bash
cat /etc/hosts
172.17.0.4      linktonsy1 b48bef076d3d nsy1
172.17.0.7      fd72dfff2df5
ping nsy1
PING linktonsy1 (172.17.0.4) 56(84) bytes of data.
64 bytes from linktonsy1 (172.17.0.4): icmp_seq=1 ttl=64 time=0.197 ms
……
rtt min/avg/max/mdev = 0.150/0.173/0.197/0.026 ms
```

7.4.4 创建以 Bridge 为驱动的网络

Docker 可以使用命令创建并使用自定义网络，网络类型包括 Bridge、Overlay 两种，默认和最常用的是 Bridge 类型。使用 docker network create 命令创建 Bridge 网络时，除 create 命令可用的选项外，docker network create 命令创建 Bridge 网络命令的选项如表 7.9 所示。

表 7.9 docker network create 创建 Bridge 网络命令的选项

选　项	等　价	描　述
com.docker.network.bridge.name	-	创建 Linux 网桥时使用的网桥名称
com.docker.network.bridge.enable_ip_masquerade	--ip-masq	启动 IP 伪装
com.docker.network.bridge.enable_icc	--icc	启用或禁用跨容器连接
com.docker.network.bridge.host_binding_ipv4	--ip	绑定容器端口时的默认 IP 地址
com.docker.network.driver.mtu	--mtu	设置容器网络的 MTU
com.docker.network.container_interface_prefix	-	为容器接口设置定制的前缀

用法与示例如下。

（1）创建 Bridge 网络，并设置子网、IP 地址范围、网关等参数：

```
[root@master ~]# docker network create --driver=bridge --subnet=172.28.0.0/16 --ip-
range=172.28.5.0/24 --gateway=172.28.5.254 br0
10ba3ceeaf25acb82571db6453bff8af6470822da37eb6988f8005f18d4e6a10
[root@master ~]#
```

（2）创建 Bridge 网络，并设置绑定容器端口时的默认 IP 地址：

```
[root@master ~]# docker   network   create  -o
"com.docker.network.bridge.host_binding_ipv4"="172.19.0.1" simple-network
ae1701d79f69b3047f35d1d460d228f5ca74ebac266db0cd30d8d64fdde6137a
[root@master ~]#
```

7.5 以不同网络配置方式运行 Nginx 容器

7.5.1 以不同端口映射方式运行 Nginx

在 master 节点采用随机端口映射、指定 IP 地址和端口映射、指定 IP 地址不指定端口映射、不指定 IP 地址指定端口映射等方式运行分别 Nginx 容器，并加以验证。

使用 docker run 命令，以随机端口映射方式运行 Nginx 容器；使用 ip 命令为 master 主机添加两个 IP 地址；使用 docker run 命令，以指定 IP 地址和端口映射的方式运行 Nginx 容器；使用 docker run 命令，以指定 IP 地址、不指定端口映射的方式运行 Nginx 容器。运行过程如下：

```
[root@master ~]# docker run -d --name nsx1 -P mynginx:v1.0
c9f0cc97659d514b4089a86efb553b1d41195d68b113984340717fa9b0e31e06
[root@master ~]# ip addr add 192.168.247.201/24 dev ens33
```

```
[root@master ~]# ip addr add 192.168.247.202/24 dev ens33
[root@master ~]# docker run -d --name nsx21 -p 192.168.247.201:20001:80 mynginx:v1.0
[root@master ~]# docker run -d --name nsx22 -p 192.168.247.202::80 mynginx:v1.0
407665dacd842518442d1f1d0615ff7cf5bc2a866961a748f5db52a7474c15d4
[root@master ~]#
```

使用 docker run 命令，以不指定 IP 地址、指定端口映射的方式运行 Nginx 容器；使用 docker ps 命令查看容器的端口映射情况。运行过程如下：

```
[root@master ~]# docker run -d --name nsx23 -p 20003:80 mynginx:v1.0
c136c8a608062aeb2cd980bae27698f330682c58d0f83b86cb32b9c013b6ccc8
[root@master ~]# docker ps --format "{{.Names}}\t{{.Ports}}" | grep nsx
nsx23   0.0.0.0:20003->80/tcp
nsx22   192.168.247.202:32769->80/tcp
nsx21   192.168.247.201:20001->80/tcp
nsx1    0.0.0.0:32768->80/tcp
[root@master ~]#
```

使用 curl 命令，根据容器的端口映射设置，分别进行验证。运行过程如下：

```
[root@master ~]# curl 192.168.247.99:32768
My Nginx based Docker.
[root@master ~]# curl 192.168.247.201:32768
My Nginx based Docker.
[root@master ~]# curl 192.168.247.201:20001
My Nginx based Docker.
[root@master ~]# curl 192.168.247.202:32769
My Nginx based Docker.
[root@master ~]# curl 192.168.247.99:20003
My Nginx based Docker.
[root@master ~]#
```

7.5.2　以容器互联方式运行 Nginx

在 master 节点运行 busybox 容器并连接到 Nginx 容器上，在 busybox 容器内验证容器互联情况。使用 docker run 命令运行 Nginx 容器，但不暴露外部端口；使用 docker run 命令运行 busybox 容器，并使用--link 选项连接上一步骤生成的 Nginx 容器；进入 busybox 容器，使用 cat 命令查看 hosts 文件的内容，检查容器连接情况。运行过程如下：

```
[root@master ~]# docker run -d --name ns-noport mynginx:v1.0
c7c28ab5079cb793fb7277b8c35332cd5af24bb0812da1d1ab7b3cdb3b574fd4
[root@master ~]# docker run -it --name linktons --link ns-noport:linktons busybox
/ # cat /etc/hosts
```

```
127.0.0.1       localhost
……
172.17.0.7      linktons c7c28ab5079c ns-noport
172.17.0.8      5dde5be315a7
/ #
```

使用 ping 命令测试容器互联情况；使用 exit 命令退出 busybox 容器；使用 docker port 命令查看之前运行的 Nginx 容器的端口映射情况（无端口映射）；使用 docker inspect 命令查看之前运行的 Nginx 容器的 IP 地址设置（与在 busybox 容器中查看的结果相同）。运行过程如下：

```
/ # ping 172.17.0.7
PING 172.17.0.7 (172.17.0.7): 56 data bytes
64 bytes from 172.17.0.7: seq=0 ttl=64 time=0.586 ms
^C
--- 172.17.0.7 ping statistics ---
2 packets transmitted, 2 packets received, 0% packet loss
round-trip min/avg/max = 0.173/0.379/0.586 ms
/ # exit
[root@master ~]# docker port ns-noport
[root@master ~]# docker inspect ns-noport --format "{{.Name}}
{{.NetworkSettings.IPAddress}}"
/ns-noport  172.17.0.7
[root@master ~]#
```

7.5.3 创建并使用自定义网络运行 Nginx

在 master 节点创建网桥类型的自定义网络，运行 Nginx 容器，将使用默认网络的 Nginx 网络调整到自定义网络上，并验证网络使用情况。使用 docker network create 命令创建网桥类型的自定义网络，并配置子网、IP 地址范围、网关等；使用 docker network ls 命令查看 Docker 网络情况。运行过程如下：

```
[root@master ~]# docker network create --driver=bridge --subnet=192.168.1.0/24 --ip-
range=192.168.1.0/24 --gateway=192.168.1.254 mynet
df64b9290ef6964e8746e5379598423849d2fa6b205d6717d0d070c940386cba
[root@master ~]# docker network ls
NETWORK ID      NAME     DRIVER     SCOPE
c5bb1390b69a    bridge   bridge     local
5d3f320d115e    host     host       local
df64b9290ef6    mynet    bridge     local
a2467aae314c    none     null       local
```

```
[root@master ~]#
```

使用 docker run 命令运行 Nginx 容器，设置为使用上一步骤创建的自定义网络；使用 docker run 命令运行 Nginx 容器，仍使用默认网络；使用 docker inspect 命令查看使用自定义网络的容器的 IP 地址（符合自定义网络的 IP 地址分配设置）。运行过程如下：

```
[root@master ~]# docker run -d --name nsy1 -P --network mynet mynginx:v1.0
751698e692c266838ea7c4f747eefa5892303c7e67097c89a54eb249fd97037b
[root@master ~]# docker run -d --name nsy2 -P mynginx:v1.0
298ec230713e9527c14159f71600d7530b6e828c145fdd38f0594e4b204a73e3
[root@master ~]# docker inspect nsy1 |grep IPAddress
……
          "IPAddress": "192.168.1.1",
[root@master ~]#
```

使用 docker inspect 命令查看使用默认网络的容器的 IP 地址（符合默认网络的 IP 地址分配设置）；使用 docker network disconnect 命令和 docker network connect 命令将使用默认网络的 Nginx 容器调整为使用自定义网络；使用 docker inspect 命令查看调整后容器的 IP 地址（符合自定义网络的 IP 地址分配设置）。运行过程如下：

```
[root@master ~]# docker inspect nsy2 |grep IPAddress
……
          "IPAddress": "172.17.0.8",
[root@master ~]# docker network disconnect bridge nsy2
[root@master ~]# docker network connect mynet nsy2
[root@master ~]# docker inspect nsy2 |grep IPAddress
      "SecondaryIPAddresses": null,
      "IPAddress": "",
          "IPAddress": "192.168.1.2",
[root@master ~]#
```

使用 docker network inspect 命令查看自定义网络的细节信息（检查连接自定义网络的容器的 IP 地址配置）。运行过程如下：

```
[root@master ~]# docker network inspect mynet
……
        "Name": "nsy2",
……
        "IPv4Address": "192.168.1.2/24",
……
        "Name": "nsy1",
……
        "IPv4Address": "192.168.1.1/24",
```

```
......
[root@master ~]#
```

本章练习题

多选题

1．Docker 支持的网络模式包括（　　）。

A．Host　　B．Bridge

C．None　　D．Container

2．Docker 安装时自动创建的网络包括（　　）。

A．Host　　B．Bridge

C．None　　D．Container

3．采用下列网络模式，容器没有独立 IP 地址的是（　　）。

A．Host　　B．Bridge

C．None　　D．Container

4．Docker 通过什么来控制容器与外部的通信（　　）。

A．SELinux　　B．Route Table

C．firewall　　D．iptables

5．Bridge 网络配置的过程包括（　　）。

A．在主机上创建虚拟网卡对

B．将虚拟网卡对的两端分别放入容器和网桥

C．分配 IP 地址给容器

D．配置主机的 iptables 规则

项目 8

容器编排

项目导入

随着容器使用得越发频繁，应用服务和容器间的关系更是复杂，面对这种情况，公司希望能使用更好的方法管理这些服务和对应的容器。小刘在分析之后，决定使用集群统一管理应用服务。最近公司有个项目，需要将前台 Web 服务器、后台数据库和负载均衡容器统一部署在容器中，公司将这个项目交给小刘负责。面对这个任务，小刘决定使用 Docker-Compose 容器编排服务，通过将一个单独的 docker-compose.yml 模板文件（YAML 格式）作为一个项目来定义一组相关联的应用容器，因此需要掌握 Docker-Compose 的基本原理、安装及使用。

职业能力目标和要求

- 熟悉 Docker-Compose 的基本原理。
- 掌握 Docker-Compose 的安装和基本使用。
- 熟悉 Docker-Compose 管理命令。
- 掌握 Docker-Compose 主要操作命令，包括 up、ps、build、stop 等。
- 掌握 Compose 文件的基本结构。
- 掌握 services 配置的主要指令。

8.1 Docker-Compose 的基本原理

Compose 项目是 Docker 官方的开源项目，来源于之前的 Fig 项目，使用 Python 语言编写，负责实现对 Docker 容器集群的快速编排。它托管在 GitHub 上，与 Docker 和 Swarm 的配合度很高。使用前面介绍的 Dockerfile 很容易定义一个单独的应用容器，然而在日常的开发工作中，经常会遇到需要多个容器相互配合来完成某项任务的情况。例如，实现一个 Web 项目，除了 Web 服务容器本身，往往还需要加上后端的数据库服务容器。分布式应用一般包含若干个服务，每个服务一般都会部署多个实例，如果每个服务都要手动启动和停止，那么效率之低、维护量之大可想而知，这时就需要一个工具能够管理一组相关联的应用容器，这就是 Docker-Compose。它允许用户通过一个单独的 docker-compose.yml 模板文件（YAML 格式）将一组相关联的应用容器定义为一个项目。

Docker-Compose 中有两个重要的概念，一个是服务（service），它是一个应用的容器，实际上可以包括若干运行相同镜像的容器实例；另一个是项目（project），由一组关联的应用容器组成的一个完整业务单元，在 docker-compose.yml 中定义。

Docker 最基本的使用方法是利用 Docker 命令来完成容器的管理，如果参数太多，通过命令行终端配置容器就比较费时，而且容易出错。Docker-Compose 是 Docker 容器编排的工具，它用于定义和运行多容器的 Docker 应用。用户可以使用 YAML 文件来配置应用服务，并通过一条命令从配置文件来创建和启动多个容器。使用 Docker-Compose 不再需要使用 shell 脚本来启动容器。Docker 使用 Docker-Compose 将所有容器参数通过精简的配置文件（称为 Compose 文件）来定义，用户最终通过 Docker-Compose 命令管理该配置文件，完成 Docker 容器的部署，从而解决复杂应用程序部署问题。Docker-Compose 还将逻辑关联的多个容器作为一个整体统一管理，提高了部署效率。

Docker-Compose 的基本使用步骤如下。首先，使用 Dockerfile 定义应用的运行环境，以增强可移植性。然后，在 docker-compose.yml 中定义构成应用的服务，使这些服务可以在孤立的环境中一起运行。最后，使用 docker-compose up 命令启动和运行完整的应用。

Docker-Compose 有一系列的命令来对应用进行全生命周期管理，包括启动、停止和重建服务；查看正在运行服务的状态；流式处理正在运行服务的日志输出；在服务上运行一次性命令。

Docker-Compose.yml 文件基本原理：docker-compose.yml 是一个 YAML 格式的文件，用来定义服务、网络和卷。在配置文件中，所有的容器通过 services 来定义，然后使用 Docker-Compose 脚本来启动、停止和重启应用和应用中的服务以及所有依赖服务的容器，非常适合使用多个容器进行开发的场景。Compose 文件的默认路径是./docker-compose.yml，可以使用.yml 或.yaml 作为文件的扩展名。Compose 文件结构示例如下：

```
version: '2.0'
services:
  web:
    build: .
    ports:
    - "5000:5000"
    volumes:
    - .:/code
    - logvolume01:/var/log
    links:
    - redis
  redis:
    image: redis
volumes:
  logvolume01: {}
```

8.2　Docker-Compose 的安装

Docker-Compose 有 3 个版本，目前版本 1 已经废弃，版本 3 兼容版本 2。版本 3 支持多机和单机，版本 2 仅支持单机，作者推荐使用版本 3。Docker-Compose 依赖 Docker 引擎才能正常工作，因此应确保已安装了本地或远程 Docker 引擎。在 Linux 系统上，先安装 Docker，再安装 Docker-Compose。这里讲解在 Linux 系统上安装 Docker Compose 最常用的两种方式，Docker-Compose 的安装过程如下。

8.2.1　下载 Docker-Compose 安装文件

从 GitHub 网站上下载 Docker-Compose 的二进制文件进行安装，其安装过程如下。

（1）下载最新版的 Docker-Compose 文件：

```
$sudo curl -L https://github.com/docker/compose/releases/download/1.16.1/docker-compose-`uname -s`-`uname -m` -o /usr/local/bin/docker-compose
```

（2）添加可执行权限：

```
$ sudo chmod +x /usr/local/bin/docker-compose
```

（3）测试安装结果：

```
$ docker-compose --version
```

8.2.2 使用 Pip 安装 Docker-Compose

Pip 是使用 Python 语言编写的软件包管理器，可以用来安装和管理软件包，许多 Linux 软件包都可以在 Python 软件索引中找到。Docker-Compose 是使用 Python 语言编写的，所以可以直接使用 Pip 安装。建议优先采用这种方式安装 Docker-Compose，如果没有安装 Pip，则要先安装它，安装过程如下。

（1）安装 EPEL 扩展源：

```
# yum -y install epel-release
```

（2）安装 Pip：

```
# yum -y install python-pip
```

（3）安装 Docker-Compose：

```
# pip install docker-compose
```

（4）测试安装结果：

```
# docker-compose --version
```

8.3 Docker-Compose 的主要操作命令

docker-compose 命令的子命令比较多，用户可以执行 docker-compose [COMMAND]--help 命令查看某个命令的使用说明，下面介绍部分常用的命令。

docker-compose 命令

- 命令说明：docker-compose 的系列管理命令，用于定义并运行 Docker 多容器应用。
- 命令用法：

docker-compose [-f <arg>...] [options] [COMMAND] [ARGS...]

docker-compose 命令的子命令如表 8.1 所示。

表 8.1　docker-compose 命令的子命令

命　令	描　述
build	构建或重构服务
bundle	从 Compose 文件生成 Docker 绑定
config	验证并查看 Compose 文件
create	为服务创建容器
down	停止并移除容器、网络、镜像和卷
events	从容器接收实时事件
exec	在运行的容器中执行命令
help	获取命令的帮助信息
images	列出创建容器使用的镜像
kill	终止容器
logs	查看容器的输出
pause	暂停服务
port	打印绑定端口的公共端口
ps	查看服务中当前运行的容器
pull	拉取服务的镜像
push	推送服务的镜像
restart	重启服务
rm	移除停止的容器
run	运行一次性命令
scale	设置指定服务执行的容器个数
start	启动服务
stop	停止服务
top	显示正在运行的进程
unpause	解除服务暂停
up	创建并启动容器
version	展示 Docker-Compose 版本信息

docker-compose 命令的选项如表 8.2 所示。

表 8.2　docker-compose 命令的选项

选　项	默　认	描　述
--ansi	auto	控制何时打印 ANSI 控制字符 ("never"|"always"|"auto")
--compatibility		在向后兼容模式下运行撰写
--env-file		指定备用环境文件
--file(简写为-f)		编写配置文件
--no-ansi		已弃用。不打印 ANSI 控制字符
--profile		指定要启用的配置文件
--project-directory		指定备用工作目录（默认为 Compose 文件的路径）
--project-name（简写为-p）		项目名称
--verbose		显示更多输出
--version（简写为-v）		显示 Docker-Compose 版本信息
--workdir		已弃用。使用 --project-directory 选项代替。指定备用工作目录（默认为 Compose 文件的路径）

1．docker-compose up 命令

- 命令说明：创建并启动容器。
- 命令用法：

  docker-compose up [options] [--scale SERVICE=NUM…] [SERVICE…]
- 扩展说明：docker-compose up 命令是最常用、功能强大的子命令，用于构建、创建、启动和连接指定的服务容器，所有连接的服务都会启动，除非它们已经运行。docker-compose up 命令的选项如表 8.3 所示。

表 8.3　docker-compose up 命令的选项

选　项	描　述
--detach（简写为-d）	在后台运行服务容器
--no-color	不使用颜色来区分不同服务的控制输出
--quiet-pull	使用安静模式拉取镜像，不打印过程信息
--no-deps	不启动服务链接的容器
--force-recreate	即使容器的配置和镜像没有更改，也要重新创建容器
--always-recreate-deps	始终重新创建所依赖的容器，不能与--no-recreate 选项同时使用
--no-recreate	如果容器已经存在，则不重新创建，不能与--force-recreate 选项同时使用
--no-build	不自动构建缺失的服务镜像

续表

选　项	描　述
--no-start	创建服务后不启动
--build	在启动容器前构建服务镜像
--abort-on-container-exit	停止所有容器，如果任何一个容器被停止，不能与-d 选项同时使用
--timeout（简写为-t）	停止容器时候的超时（默认为 10 秒）
--renew-anon-volumes（简写为-V）	重新创建匿名卷，而不是从以前的容器更新数据
--remove-orphans	删除服务中没有在 Compose 文件中定义的容器
--exit-code-from	返回被选中服务容器的退出码
--scale	将 SERVICE 扩展到 NUM 个实例。覆盖 Compose 文件中的比例设置（如果存在）

docker-compose up 命令会聚合每个容器的输出，实质上是运行 docker-compose logs -f 命令，默认将所有输出重定向到控制台，相当于 docker run 命令的前台模式。退出该命令后，所有的容器都会停止。当然，使用-d 选项执行 docker-compose 命令会采用分离模式在后台启动容器并让它们保持运行。

如果服务的容器已经存在，服务的配置或镜像在创建后被改变，docker-compose up 命令会停止并重新创建容器（保留挂载的卷）。如果遇到错误，该命令的退出码是 1。如果使用 SIGINT（相当于按组合键 Ctrl+C）或 SIGTERM 信号中断进程，容器会被停止，退出码是 0。在关闭阶段发送 SIGINT 或 SIGTERM 信号，正在运行的容器会被强制停止，退出码是 2。

2．docker-compose ps 命令

- 命令说明：查看服务中当前运行的容器。
- 命令用法：

  docker-compose ps [options] [SERVICE…]

docker-compose ps 命令的选项如表 8.4 所示。

表 8.4　docker-compose ps 命令的选项

选　项	默　认	描　述
--quiet（简写为-q）		只显示 ID
--services		显示服务
--filter		按属性过滤服务（支持的过滤器：状态）

续表

选　项	默　认	描　述
--all(简写为-a)		展示所有停止的容器，包括通过 run 命令创建的容器
--format	pretty	格式化输出
--status		按状态过滤服务。值：[暂停|重启|删除|运行|终止|创建|退出]

3. docker-compose build 命令

- 命令说明：构建或重构服务（服务容器构建后会带上标记名。可以随时在项目目录下运行命令来重构）。
- 命令用法：

  docker-compose build [options] [--build-arg key=val...] [SERVICE...]
- 扩展说明：如果 Compose 文件定义了一个镜像名称，则该镜像将以该名称为标签，替换之前的任何变量。如果改变了服务的 Dockerfile 或其构建目录的内容，需要使用 docker-compose build 命令重新构建它。用户可以在项目目录下随时执行该命令来重新构建服务。docker-compose build 命令的选项如表 8.5 所示。

表 8.5　docker-compose build 命令的选项

选　项	默　认	描　述
--compress	true	使用 gzip 压缩构建上下文。已弃用
--force-rm	true	始终移除中间容器。已弃用
--no-cache		构建镜像过程中不使用缓存
--pull		始终尝试通过拉取操作来获取更新版本的镜像
--memory (简写为-m)		为构建容器设置内存限制。BuildKit 尚不支持
--build-arg		为服务设置构建时变量
--parallel	true	并行构建镜像。已弃用
--no-cache		构建镜像时不使用缓存
--no-rm		成功构建后不移除中间容器。已弃用
--progress	auto	设置进度输出类型
--pull		始终尝试拉取更新版本的镜像
--quiet(简写为-q)		不要将任何内容打印到标准输出
--ssh		设置构建服务映像时使用的 SSH 身份验证（使用“default”来使用默认的 SSH 代理）

4．docker-compose stop 命令

- 命令说明：停止服务。
- 命令用法：

  docker-compose stop [options] [SERVICE...]

docker-compose stop 命令的选项如表 8.6 所示。

表 8.6　docker-compose stop 命令的选项

选　项	默　认	描　述
--timeout（简写为-t）	10	指定关闭的超时时间

5．docker-compose down 命令

- 命令说明：停止并移除容器、网络、镜像和卷。
- 命令用法：

  docker-compose down [options]

docker-compose down 命令的选项如表 8.7 所示。

表 8.7　docker-compose down 命令的选项

选　项	默　认	描　述
--rmi		删除服务使用的镜像。"local"仅删除没有自定义标签的镜像("local"|"all")
--volumes (简写为-v)		删除在 Compose 文件的卷部分声明的命名卷和附加到容器的匿名卷。
--remove-orphans		移除服务中没有在 Compose 文件中定义的容器
--timeout（简写为-t）	10	以秒为单位指定关闭超时

6．docker-compose exec 命令

- 命令说明：在运行的容器中执行命令。
- 命令用法：

  docker-compose exec [options] [-e KEY=VAL...] [--] SERVICE COMMAND [ARGS...]

docker-compose exec 命令的选项如表 8.8 所示。

表 8.8　docker-compose exec 命令的选项

选　项	默　认	描　述
--detach(简写为-d）		分离模式：在后台运行命令
--env（简写为-e）		设置环境变量

续表

选　项	默　认	描　述
--index	1	如果有多个服务实例，则容器的索引默认值为 1
--interactive（简写为-i）	true	即使没有连接，也要保持标准输入打开
--no-TTY（简写为-T）	true	禁用伪 TTY 分配。在默认情况下，使用 docker-compose exec 命令会分配一个 TTY
--privileged		授予进程扩展权限
--tty（简写为-t）	true	分配一个伪 TTY
--user（简写为-u）		以该用户身份执行命令
--workdir（简写为-w）		此命令的 workdir 目录的路径

7．docker-compose images 命令

- 命令说明：列出创建容器使用的镜像。
- 命令用法：

  docker-compose images [SERVICE...]

docker-compose images 命令的选项如表 8.9 所示。

表 8.9　docker-compose images 命令的选项

选　项	描　述
--quiet（简写为-q）	仅显示 ID

8．docker-compose logs 命令

- 命令说明：查看容器的输出。
- 命令用法：

  docker-compose logs [SERVICE...]

docker-compose logs 命令的选项如表 8.10 所示。

表 8.10　docker-compose logs 命令的选项

选　项	默　认	描　述
--follow（简写为-f）		按日志输出
--no-color		产生单色输出
--no-log-prefix		不要在日志中打印前缀
--since		显示自时间戳或相对时间以来的日志

续表

选　项	默　认	描　述
--tail	all	从每个容器的日志末尾显示的行数
--timestamps（简写为-t）		显示时间戳
--until		显示在时间戳或相对时间之前的日志

9．docker-compose create 命令

- 命令说明：为服务创建容器。
- 命令用法：

  docker-compose create [SERVICE...]

docker-compose create 命令的选项如表 8.11 所示。

表 8.11　docker-compose create 命令的选项

选　项	描　述
--build	在启动容器之前构建镜像
--force-recreate	即使容器的配置和镜像没有更改，也要重新创建容器
--no-build	不要构建镜像，即使它丢失了
--no-recreate	如果容器已经存在，就不要重新创建它们。与--force-recreate 选项不兼容

10．docker-compose pull 命令

- 命令说明：拉取服务的镜像。
- 命令用法：docker-compose pull [SERVICE...]

docker-compose pull 命令的选项如表 8.12 所示。

表 8.12　docker-compose pull 命令的选项

选　项	默　认	描　述
--ignore-pull-failures		忽略拉取失败的镜像
--include-deps		同时拉取声明为依赖项的服务
--no-parallel	true	禁用并行拉动。已弃用
--parallel	true	并行拉取多个镜像。已弃用
--quiet（简写为-q）		拉取但不显示进度信息

8.4 Compose 文件的基本编写方法

8.4.1 Compose 文件的基本结构

Compose 文件是 Docker-Compose 项目的主配置文件，又称 Compose 模板文件，它是一种包括若干节和键值对（Key-Value Pair）代码的模板文件。它用于定义整个应用程序，包括服务、网络和卷。Compose 文件是文本文件，采用 YAML 格式，可以使用.yml 或.yaml 扩展名，默认的文件名为 docker-compose.yml。

标准的 Compose 文件包含 4 个部分：version、services、networks 和 volumes，每部分就是一节，它们都是顶级字段。version 定义了版本信息；services 定义了服务的配置信息，包括应用于为该服务启动的每个容器的配置，类似于 docker container create 命令；networks 定义了网络信息，并将网络信息提供给 services 中的具体容器使用，类似于 docker network create 命令；volumes 定义了卷信息，并将卷信息提供给 services 中的具体容器使用，类似于 docker volume create 命令。

Compose 文件采用缩进结构<字段>：<选项>：<值>来表示层次关系。例如，在 services 节下定义若干服务名，每个服务下面是二级字段，如 build、deploy、networks 等，再往下一层级是选项，最后的层级是具体值。值可以使用环境变量，采用${VARIABLE}这样的语法。一个结构完整的 Compose 文件如图 8.1 所示。

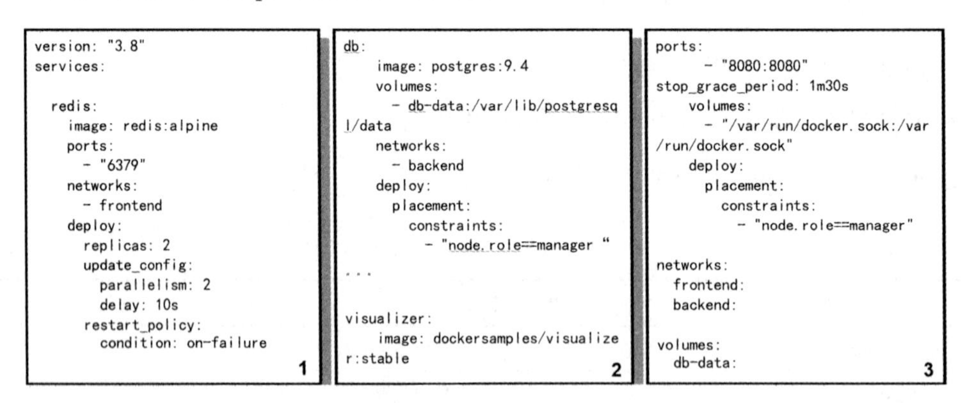

图 8.1　结构完整的 Compose 文件

8.4.2 services 配置的主要指令

1. container_name 命令

- 指令说明：指定容器名称。默认使用“项目名称-服务名称-序号”这样的格式。

- 指令用法示例：

```
container_name: my-web-container
```

- 扩展说明：指定容器名称后，该服务将无法进行扩展（scale），因为 Docker 不允许多个容器具有相同的名称

2. labels 指令

- 指令说明：为容器添加 Docker 元数据（metadata）信息，如为容器添加辅助说明。
- 指令用法示例：

```
labels:
com.example.description: "This label will appear on the web service"
```

3. build 指令

- 指令说明：指定 Dockerfile 所在文件夹的路径（可以是绝对路径，也可以是相对 docker-compose.yml 文件的路径）。Docker-Compose 会利用它自动构建这个镜像，然后使用这个镜像，类似于命令行的 docker build 命令。
- 指令用法示例：

```
services:
  webapp:
    build: ./dir
```

- 扩展说明：每个服务必须通过 image 指令指定镜像或 build 指令（需要 Dockerfile）自动构建镜像。如果使用 build 指令，则 Dockerfile 中设置的选项（如 CMD、EXPOSE、VOLUME、ENV 等）将会自动被获取，无须在 docker-compose.yml 中再次设置。

4. deploy 指令

- 指令说明：功能是指定有关部署和运行服务的配置，只有部署在使用 docker stack deploy 命令的 Swarm 上才有效。
- 指令用法示例：

```
deploy:
    replicas: 6
    update_config:
      parallelism: 2
      delay: 10s
```

- 扩展说明：支持的子选项包括 ENDPOINT_MODE、LABELS、MODE、PLACEMENT、REPLICAS 等。

5. image 指令

- 指令说明：指定镜像名称或镜像 ID。如果本地不存在这个镜像，Docker-Compose 将尝试拉取这个镜像。
- 指令用法示例：

```
image: ubuntu
image: orchardup/postgresql
```

- 扩展说明：如果同时指定了 image 指令和 build 指令，image 指令不再具有单独使用的意义，而是指定了目前要构建的镜像的名称。Docker-Compose 会使用 build 指令指定的 Dockerfile 构建镜像，使用 image 指令指定的镜像名称。
- 指令用法示例：

```
build: ./dir
image: webapp:tag
```

6. command 指令

- 指令说明：覆盖容器启动后默认执行的命令。命令可写成 shell 格式，也可写成类似 Dockerfile 中的列表格式。
- 指令用法示例：

```
command: bundle exec thin -p 3000
command: [bundle, exec, thin, -p, 3000]
```

7. depends_on 指令

- 指令说明：解决容器的依赖、启动先后的问题。以下例子中会先启动容器 db 和 redis，再启动 web。
- 指令用法示例：

```
services:
  web:
    build: .
    depends_on:
      - db
      - redis
```

- 扩展说明：上例中，Web 服务不会等待 Redis 和 DB 服务完全启动后才启动。

8. environment 指令

- 指令说明：设置环境变量，可以使用数组或字典两种格式。

- 指令用法示例：

```
environment:
  RACK_ENV: development
  SESSION_SECRET:
environment:
  - RACK_ENV=development
  - SESSION_SECRET
```

- 扩展说明：只给定名称的变量会自动获取运行 Docker-Compose 的主机上对应变量的值，可以用来防止泄露不必要的数据。如果变量名称或值中用到 true、false，或 yes、no 等表达布尔含义的词，应放到引号里，避免 YAML 将某些内容自动解析为对应的布尔语义。

9．expose 指令

- 指令说明：暴露端口，但不映射到宿主机。只在其他容器在连接此容器时使用。
- 指令用法示例：

```
expose:
 - "3000"
 - "8000"
```

- 扩展说明：仅可以指定容器内部的端口为参数。

10．ports 指令

- 指令说明：映射端口信息。
- 指令用法示例：

```
ports:
 - "3000"
 - "8000:8000"
 - "49100:22"
 - "127.0.0.1:8001:8001"
```

- 扩展说明：当使用 HOST:CONTAINER 格式映射端口时，如果使用的容器端口小于 60，而且没有使用引号引起来，可能会获得错误结果，因为 YAML 会自动解析"xx:yy"这种数字格式为六十进制。为避免出现这种问题，建议数字串都使用引号引起来。

11．extra_hosts 指令

- 指令说明：指定额外的 host 名称映射信息，类似于 docker client 命令中的--add-host 选项。

- 指令用法示例：

```
extra_hosts:
 - "googledns:8.8.8.8"
 - "dockerhub:52.1.157.61"
```

- 扩展说明：上例在执行后，会在启动的服务容器的/etc/hosts 文件中添加如下 8.8.8.8 googledns 和 52.1.157.61 dockerhub 两条条目。

12．networks 指令

- 指令说明：指定要加入的网络，使用顶级 networks 定义下的条目。
- 指令用法示例 1：

```
services:
  some-service:
    networks:
     - some-network
networks:
  some-network:
```

- 指令用法示例 2：

```
networks:
  default:
    external:
      name: my-pre-existing-network
```

- 扩展说明：希望容器加入现有网络，请使用 external 选项。上例中，Docker-Compose 不会尝试创建名为[projectname]_default 的网络，而是查找名为 my-pre-existing-network 的网络，并将应用程序的容器连接到该网络。

13．volumes 指令

- 指令说明：挂载主机路径或被命名的卷，并指定为服务的子选项。
- 指令用法示例：

```
volumes:
     - type: volume
       source: mydata
       target: /data
```

- 扩展说明：可以作为单独服务定义的一部分来挂载主机路径，而不需要在 volumes 顶级配置中定义。如果需要在多服务间重用卷，则需要在 volumes 顶级配置中定义。

14. driver 指令

- 指令说明：指定网络应该使用的驱动。
- 指令用法示例：

```
networks:
  mynet1:
    driver: overlay
```

- 扩展说明：默认驱动依赖于 Docker Engine 的具体配置，在单主机模式下一般为 Bridge，Swarm 模式下一般为 Overlay。

15. ipam 指令

- 指令说明：指定定制的 IPAM（IP 地址管理）配置。
- 指令用法示例：

```
ipam:
  driver: default
  config:
    - subnet: 172.28.0.0/16
```

- 扩展说明：可选特性有两个。driver：定制 IPAM 驱动，以取代默认设置；config：有零个或多个配置块的列表，包含 CIDR 格式的子网地址。

16. external 指令

- 指令说明：如果指定为 true，则网络是在 Docker-Compose 之外创建的。
- 指令用法示例：

```
networks:
  outside:
    external: true
```

- 扩展说明：docker-compose up 命令不会试图创建外部网络，如果外部网络不存在，将产生错误。

17. driver 指令

- 指令说明：指定卷应该使用的卷驱动。
- 指令用法示例：

```
driver: foobar
```

- 扩展说明：无论 Docker Engine 配置哪种驱动，卷驱动一般默认为 local 模式。

18．driver_opts 指令

- 指令说明：以键值对的形式指定选项列表，并传递给卷驱动。
- 指令用法示例：

```
volumes:
  example:
    driver_opts:
      type: "nfs"
      o: "addr=10.40.0.199,nolock,soft,rw"
      device: ":/docker/example"
```

8.4.3　编写 Compose 文件的注意事项

使用 Docker-Compose 对 Docker 容器进行编排管理时，需要编写 docker-compose.yml 文件，初次编写时，容易遇到一些比较低级的问题，导致执行 docker-compose up 命令时先解析 yml 文件的错误。错误的原因比较常见的有：yml 文件需要按层次进行缩进；不允许使用 tab 键字符，只能使用空格，而空格的数量有要求，不要过多使用。

8.5　使用 Compose 编排 Nginx 服务

8.5.1　准备实验环境

本节的操作在 node1 节点进行验证，确认实验环境符合实验要求。使用 curl 命令列出私有仓库；使用 curl 命令查看 busybox 镜像的标签列表；使用 curl 命令查看 scratch 镜像的标签列表。运行过程如下：

```
[root@node1 ~]# curl -X GET http://192.168.247.99:5000/v2/_catalog
{"repositories":["busybox","scratch"]}
[root@node1 ~]# curl -X GET http://192.168.247.99:5000/v2/busybox/tags/list
{"name":"busybox","tags":["v1"]}
[root@node1 ~]# curl -X GET http://192.168.247.99:5000/v2/scratch/tags/list
{"name":"scratch","tags":["latest"]}
[root@node1 ~]#
```

使用 elinks 命令验证 Web 安装服务正常运行；使用 mount 命令挂载 NFS 并验证正常运行；使用 docker images 命令查看镜像列表；使用 docker ps 命令查看容器列表。运行过程如下：

```
[root@node1 ~]# elinks 192.168.247.99/centos7
[root@node1 ~]# mount -t nfs 192.168.247.99:/nfs-root /mnt/nfs/
```

```
[root@node1 ~]# mount |grep nfs-root
192.168.247.99:/nfs-root on /mnt/nfs type nfs4 ...
[root@node1 ~]#
[root@node1 ~]# docker images -a
REPOSITORY          TAG                 IMAGE ID            CREATED             SIZE
[root@node1 ~]# docker ps -a
CONTAINER ID        IMAGE               COMMAND                  CREATED
STATUS              PORTS               NAMES
[root@node1 ~]#
```

使用 tree 命令查看工作目录和文件的准备情况（除 Compose 文件外，其他文件均来自之前的实验，Compose 文件会在后续操作中进行编写）。运行过程如下：

```
[root@node1 ~]# tree /home/docker/
/home/docker/
├── docker-compose.yml
├── runtime
│   └── nginx
│       ├── centos.repo
│       ├── Dockerfile
│       └── nginx-1.14.0.tar.gz
└── system
    └── centos7
        ├── centos-7-x86_64-docker.tar.xz
        └── Dockerfile
4 directories, 6 files
[root@node1 ~]#
```

8.5.2 安装 Docker-Compose 工具

在 master 节点上从 GitHub 网站上下载指定版本的 Docker-Compose 二进制文件（也可以直接使用课程提供的资源)并增加可执行属性,完成 master 节点工具的安装,并将 Docker-Compose 可执行文件传输到 node1 节点。

使用 curl 命令从 GitHub 上获取指定版本的 Docker-Compose 二进制文件，并输出到指定目录下；使用 chmod 命令为 docker-compose.yml 文件增加可执行属性；使用 docker-compose 命令查看版本信息，验证安装是否成功。运行过程如下：

```
[root@master ~]# curl -L
"https://github.com/docker/compose/releases/download/1.25.5/docker-
compose-$(uname -s)-$(uname -m)" -o /usr/local/bin/docker-compose
% Total % Received % Xferd Average Speed   Time  Time  Time  Current
```

```
                        Dload  Upload  Total  Spent  Left  Speed
100   638  100   638    0     0   133      0 0:00:04  0:00:04 --:--:--  133
100 16.7M  100 16.7M    0     0 54989      0 0:05:19  0:05:19 --:--:-- 62322
[root@master ~]# chmod +x /usr/local/bin/docker-compose
[root@master ~]# docker-compose --version
docker-compose version 1.25.5, build 8a1c60f6
[root@master ~]#
```

使用 scp 命令将 docker-compose.yml 文件复制到 node1 节点的指定位置；使用 ssh 命令 node1 节点；查看 docker-compose.yml 文件是否正确。运行过程如下：

```
[root@master ~]# scp /usr/local/bin/docker-compose node1:/usr/local/bin/docker-
compose
root@node1's password:
docker-compose                              100%   17MB  23.0MB/s   00:00
[root@master ~]# ssh node1
root@node1's password:
Last login: Thu May 28 09:38:43 2020 from 192.168.247.1
[root@node1 ~]# ls  /usr/local/bin/docker-compose -l
-rwxr-xr-x 1 root root 17586312 May 27 17:45 /usr/local/bin/docker-compose
[root@node1 ~]#
```

8.5.3 编写 docker-compose.yml 文件

在 node1 节点完成对 docker-compose.yml 文件的定义：设置子网的网桥型网络，采用 NFS 的数据卷，提供基础镜像的 CentOS 7 服务，提供 Web 服务的 MyWeb 服务。

在 docker-compose.yml 文件中设置版本为 3；设置 MyWeb 服务；使用指定目录下的 Dockerfile 文件创建镜像；设置镜像名；设置使用的数据卷和数据卷的映射；设置端口映射；设置使用的网络；设置服务依赖关系；设置 CentOS 7 服务；使用指定目录下的 Dockerfile 文件创建镜像；设置镜像名；设置卷配置；设置卷驱动；设置卷驱动选项；设置网络配置；设置网络驱动；设置网络配置选项。运行过程如下：

```
[root@node1 docker]# cat docker-compose.yml
version: "3"
services:
   myweb:
     build:  ./runtime/nginx/
     image:  mynginx:v1.0
     volumes:
       - "db:/usr/local/nginx/html/"
     ports:
```

```
      - "10080:80"
    networks:
      - br1
    depends_on:
      - centos7
    centos7:
      build: ./system/centos7/
      image: mycentos7:v1.0
volumes:
  db:
    driver: local
    driver_opts:
        type: "nfs"
        o: "addr=192.168.247.99,rw"
        device: ":/nfs-root"
networks:
  br1:
    driver: bridge
    ipam:
      driver: default
      config:
        - subnet: 192.168.1.0/24
```

8.5.4　构建服务并验证

在 node1 节点使用 Compose 文件在后台创建并运行服务，并分别验证服务是否正常运行，自定义网络是否正常，自定义数据卷是否正常，镜像生成是否正常，容器生成和运行是否正常。使用 docker-compose up 命令创建并在后台运行服务，运行过程如下：

```
[root@node1 docker]# docker-compose up -d
Creating network "docker_br1" with driver "bridge"
Creating volume "docker_db" with local driver
Building centos7
Step 1/3 : FROM scratch
 --->
......
Successfully tagged mycentos7:v1.0
......
Successfully tagged mynginx:v1.0
......
Creating docker_centos7_1 ... done
Creating docker_myweb_1   ... done
[root@node1 docker]#
```

使用 curl 命令验证 MyWeb 服务正常运行；使用 docker network ls 命令查看自定义网络的创建情况；使用 docker network inspect 命令查看网络的配置细节。运行过程如下：

```
[root@node1 docker]# curl node1:10080
Test for nsv41(nfs).
[root@node1 docker]# docker network ls |grep br1
b9d75b8b677e       docker_br1        bridge            local
[root@node1 docker]# docker network inspect docker_br1 |grep Subnet
                "Subnet": "192.168.1.0/24"
```

使用 docker volume ls 命令查看自定义数据卷的创建情况；使用 docker volume inspect 命令查看数据卷的配置细节。运行过程如下：

```
[root@node1 docker]# docker volume ls | grep db
local             docker_db
[root@node1 docker]# docker volume inspect docker_db
[
    {
......
"Options": {
            "device": ":/nfs-root",
            "o": "addr=192.168.247.99,rw",
            "type": "nfs"
        },
        "Scope": "local"
    }
]
[root@node1 docker]#
```

使用 docker images 命令查看镜像的生成情况，运行过程如下：

```
[root@node1 docker]# docker images
REPOSITORY         TAG           IMAGE ID          CREATED          SIZE
mynginx            v1.0          981e28d33174      9 minutes ago    417MB
mycentos7          v1.0          98fa764dd4e0      9 minutes ago    203MB
[root@node1 docker]#
```

使用 docker ps 命令查看容器的生成和运行情况，运行过程如下：

```
[root@node1 docker]# docker ps -a
CONTAINER ID       IMAGE            COMMAND                   CREATED            STATUS
PORTS                  NAMES
5ae5bef8ac9d       mynginx:v1.0       "nginx -g 'daemon of…"   9 minutes ago       Up 9
minutes                0.0.0.0:10080->80/tcp   docker_myweb_1
e7ede267827d       mycentos7:v1.0      "/bin/bash"              9 minutes ago
Exited (0) 9 minutes ago                        docker_centos7_1
[root@node1 docker]#
```

本章练习题

一、多选题

1．Docker 容器编排的工具是（　　）。

A．Registry　　B．yaml　　C．Container　　D．Docker-Compose

2．Compose 配置文件主要用来定义（　　）。

A．services　　B．volumes　　C．images　　D．networks

3．Docker-Compose 支持多机配置的版本是（　　）。

A．version 1　　B．version 2　　C．version 3　　D．version 4

4．Compose 文件的后缀名可以是（　　）。

A．.json　　B．.yaml　　C．.tar　　D．.yml

5．在 docker-compose up 命令中，在后台运行服务容器所使用的选项有（　　）。

A．-it　　B．-P　　C．-d　　D．--detach

6．在 docker-compose up 命令中，不重新创建已存在容器所使用的选项有（　　）。

A．--no-recreate　　B．--no-build　　C．--no-start　　D．--force-recreate

7．在 docker-compose build 命令中，始终删除构建过程中的临时容器所使用的选项有（　　）。

A．--no-cache　　B．-R　　C．--rm　　D．--force-rm

二、填空题

1．创建并启动容器，可以使用（　　）命令。

2．运行一次性命令，可以使用（　　）命令。

3．启动服务，可以使用（　　）命令。

4．显示正在运行的进程，可以使用（　　）命令。

5．打印绑定端口的公共端口，可以使用（　　）命令。

6．构建或重构服务，可以使用（　　）命令。

7．验证并查看 Compose 文件，可以使用（　　）命令。

8．停止并移除容器、网络、镜像和卷，可以使用（　　）命令。

9．在运行的容器中执行命令，可以使用（　　）命令。

10．暂停服务，可以使用（　　）命令。

11．拉取服务的镜像，可以使用（　　）命令。

12．为服务设置容器编号，可以使用（　　）命令。

13．展示 Docker-Compose 版本信息，可以使用（　　）命令。

14．在 Compose 文件的 services 配置中，映射端口信息的指令是（　　）。

15．在 Compose 文件的 services 配置中，指定要加入的网络的指令是（　　）。

16．在 Compose 文件的 services 配置中，挂载主机路径或被命名的卷的指令是（　　）。

17．在 Compose 文件的 networks 配置中，指定定制的 IP 地址管理配置的指令是（　　）。

18．在 Compose 文件的 networks 配置中，指定网络应该使用的驱动的指令是（　　）。

19．在 Compose 文件的 networks 配置中，以键值对的形式指定选项列表并传递给网络驱动的指令是（　　）。

20．在 Compose 文件的 volumes 配置中，如果设置为 true 则指定卷是在 Compose 之外创建的指令是（　　）。

三、简答题

按照如下要求编写 Compose 的 yaml 配置文件。

1．指定版本为：3。

2．定义服务名为“myweb1”的服务，要求：

（1）从路径为“./runtime/”的 Dockerfile 构建。

（2）镜像命名为“myweb：v1”。

（3）使用名为“mybridge1”的网络。

3．定义网络名为“mybridge1”的网络，要求：

（1）驱动为“bridge”。

（2）配置 IP 地址管理，驱动为默认，子网设置为 192.168.200.0/24。